中华人民共和国史小丛书

主　　编｜朱佳木
执行主编｜宋月红

863计划的制定与实施

苏熹　著

北京出版集团
北京人民出版社

图书在版编目（CIP）数据

863计划的制定与实施／苏熹著. — 北京：北京人民出版社，2024.3（2024.12重印）
（中华人民共和国史小丛书）
ISBN 978-7-5300-0614-6

Ⅰ．①8… Ⅱ．①苏… Ⅲ．①科学研究事业—概括—中国 Ⅳ．①G322.1

中国国家版本馆CIP数据核字（2024）第046906号

863计划的制定与实施
863 JIHUA DE ZHIDING YU SHISHI
苏熹 著

*

北 京 出 版 集 团
北 京 人 民 出 版 社 出版
（北京北三环中路6号）
邮政编码：100120

网　　址：www.bph.com.cn
北 京 出 版 集 团 总 发 行
新 华 书 店 经 销
北京建宏印刷有限公司印刷

*

880毫米×1230毫米　32开本　6.125印张　100千字
2024年3月第1版　2024年12月第2次印刷
ISBN 978-7-5300-0614-6
定价：37.00元
如有印装质量问题，由本社负责调换
质量监督电话：010-58572393

"中华人民共和国史小丛书"
编委会

主　任：朱佳木

副主任：宋月红（常务）　李正华　武　力　曲　仲

编　委：（以姓氏笔画为序）

　　　　王巧荣　王爱云　吕克农　刘　仓　刘维芳

　　　　李　文　李清霞　吴　超　张金才　欧阳雪梅

　　　　郑有贵　钟　瑛　姚　力

编辑部

主　任：王爱云

成　员：刘　迪　王凤环　周　进　单明明

序

"中华人民共和国史小丛书"是为响应党中央关于在党员干部和广大群众特别是青年学生中加强新中国史学习、开展新中国史教育与宣传的号召，由中国社会科学院当代中国研究所和北京出版集团联合编辑出版的一套新中国史普及读物。

中华人民共和国史是指1949年中华人民共和国成立后，中国版图之内的社会与自然的历史。它上承中国近代史，是中国的现代史、当代史，或者说是中国历史的现代部分、当代部分。这一历史至今已有70年，目前仍在继续向前发展。它是中国有文字记载以来的历史中，真正由人民当家作主，且社会最稳定、民族最团结、国力最强盛、人民生活最富裕、经济和科技进步最快的时期。

早在新中国成立后不久，便有人研究和撰写新中国史，但严格意义上的新中国史编研，应当说始于中共十一届三中全会后对建国以来若干重大历史问题的总结。从那时起，党和国家陆续编辑出版了大量有关新中国史的文献书、资料书，成立了专事编研新中国史的当代中国研究所和各地编研当地当代史的机构，建立了全国性的新中国史工作者的社会团体和许多学术平台，产生了不胜枚举的新中国史学术成果，也涌现出为数众多的新中国史编研人才。所有这些，都为新中国史编研的持续开展提供了必要条件，奠定了坚实基础。

党的十八大以来，以习近平同志为核心的党中央，对新中国史的学习、研究、宣传给予了前所未有的高度重视。习近平每当讲到党史时，往往把它与新中国史并提。他强调："学习党史、国史，是坚持和发展中国特色社会主义、把党和国家各项事业继续推向前进的必修课。""要认真学习党史、国史，知史爱党，知史爱国。"

2019年3月"两会"期间，习近平在参加全国政协社会科学界与文艺界委员联席会时进一步指出，我们国家在过去70年里发生了翻天覆地的变化，希望大家深刻反映新中国70年来党和人民的奋斗实践，深刻解读新中国70年历史性变革中所蕴藏的内在逻辑，讲清楚历史性成就背后的中国特色社会主义道路、理论、制度、文化优势，更好地用中国理论解读中国实践，为党和人民继续前进提供强大精神激励。

同年7月，中共中央"不忘初心、牢记使命"主题教育领导小组又专门就认真学习党史和新中国史的工作印发通知，要求各地区、各部门、各单位把学习党史、新中国史作为主题教育的重要内容。

党中央对新中国史学习与宣传教育的高度重视，为新中国史编研的进一步开展创造了良好的社会环境，也大大提高了社会对新中国史的关注度和对新中国史书籍的需求。本丛书就是在这种大背景下策划和推出的。

本丛书以展示新中国历史发展的主题、主线、主流、本质为宗旨，以新中国的典章制度和重要事件、人物以及事业发展、社会变迁、历史成就为内容，以新中国史学科的专家、学者为依托，以中等以上文化程度的读者为对象，以学术性、准确性、通俗性相结合为原则，以记叙文为文体，每本书只记述一件事或一个人物，字数一般在10万字左右。

新中国史的内容极为丰富，应写、可写的题目非常之多，但囿于编委会能力所限，第一批书目仅列了100种，计划每年推出10—20本，在五六年内出齐。今后如有可能，我们将会继续编辑出版。

今年是中华人民共和国成立70周年，我们谨以本丛书向70周年大庆献礼，祝愿我们的伟大祖国不断繁荣昌盛，从胜利走向新的胜利！

朱佳木

2019年9月1日

目　录

前　言 …………………………………………………… 1

第一章　863计划的出台 ……………………………… 1
第一节　20世纪80年代的国际高技术竞争 ………… 1
第二节　4位科学家联名"上书" …………………… 4
第三节　863计划的论证与获批 …………………… 8

第二章　863计划的实施与推进 ……………………… 17
第一节　"瞄准前沿，积极跟踪"（1986—2000年）… 18
第二节　从重点跟踪到突出跨越的战略转变
　　　　（2001—2005年）………………………… 22
第三节　超前部署前沿技术，引领未来发展
　　　　（2006—2016年）………………………… 28

第三章　生物技术领域 ………………………………… 35
第一节　推动生物技术研究与产业化 ……………… 35

第二节　袁隆平与中国杂交水稻研发 …………………… 41
第三节　863计划与中国基因工程药物生产 …………… 44
第四节　启动中国人类基因组计划 ……………………… 46

第四章　自动化技术领域 ……………………………… 51
第一节　自动化技术研发取得突破 ……………………… 52
第二节　蒋新松与水下机器人研发 ……………………… 56

第五章　信息技术领域 ………………………………… 63
第一节　推动信息技术产业的发展 ……………………… 64
第二节　"曙光"高性能计算机的研发 ………………… 66

第六章　先进能源技术 ………………………………… 79
第一节　中国能源技术的布局与发展 …………………… 80
第二节　863计划先进核反应堆技术与核能发电 ……… 84

第七章　新材料技术领域 ……………………………… 95
第一节　新材料技术的研发与突破 ……………………… 96
第二节　863计划与纳米科技发展 ……………………… 99
第三节　863计划与超导研究 …………………………… 110

第八章　航天技术领域 ………………………………… 121
第一节　中国航天技术的起步 …………………………… 122
第二节　揭开中国载人航天事业的序幕 ………………… 124

第三节　中国载人航天的重大成就……………… 132

第九章　海洋技术领域………………………… 137

第一节　中国海洋科技的发展…………………… 138

第二节　863计划与海洋科技研发………………… 143

第三节　863计划与载人深潜…………………… 149

结语：863计划制定与实施的历史经验和启示……… 153

前　言

863计划是1986年3月中共中央批准启动的国家高技术研究发展计划。20世纪80年代，以生物技术、信息技术、自动化技术、新材料、新能源等高新技术为核心的"新技术革命"浪潮有力地冲击着全球，高技术及高技术产业已成为大国之间竞争的主要手段。1983年美国提出《战略防御倡议》（又称"星球大战"计划）以来，西欧各国，日本、苏联等都相继出台了本国的高科技研究发展计划。1986年3月，王淦昌、陈芳允、杨嘉墀、王大珩4名科学家以中国科学院学部委员的名义，联名上书邓小平等中央领导，题目为《关于跟踪研究外国战略性高技术发展的建议》。邓小平充分肯定了这份建议，并果断作出批示。由于该计划于1986年3月由科学家提出，并获得邓小平的批示，故以863命名。

从1986年4月到9月，中共中央、国务院组织了严格的科学和技术论证，数百名科学家参与其中，最终形成了

《国家高技术研究发展计划纲要》（简称《"863"计划纲要》）。根据《"863"计划纲要》，863计划从世界高技术发展趋势与中国需求与条件出发，贯彻"军民结合，以民为主"的方针，体现"瞄准前沿，积极跟踪"的思想，坚持"有限目标，突出重点"的原则，选择生物技术、航天技术、先进防御技术、自动化技术、信息技术、能源技术、新材料技术七大领域，下属15个主题。计划实施时间共15年，总经费100亿元人民币。同年11月，中共中央、国务院正式发出关于实施《高技术研究发展计划（"863"计划）纲要》的通知，863计划进入实施阶段。2000年，在中共中央支持下，经过科技界尤其是科学家的努力奋斗，863计划顺利实现了预定目标，共获国内外专利2000多项，累计创造新增产值560多亿元，产生间接经济效益2000多亿元。

2000年后，有关部门为了进一步推动中国高技术研究及产业化的开展，决定在"十五"期间及其以后相当长的时间里，继续组织实施863计划。2001年4月，国务院印发《"十五"期间国家高技术研究发展计划（"863"计划）纲要》（简称《"十五"纲要》），标志着863计划由阶段性科技计划转变为长期、常设科技计划。"十五"期间，863计划选取信息、生物和现代农业、新材料、先进制造和自动化、能源、资源环境、航空航天、先进防御8个高技术领域中的若干个高技术主题项目和重大专项作为发展重点。"十一五"期间，863计划的整体框架又进行调整，选择信息、生物和医药、新材料、先进制造、先进能源、资源环境、海洋、现代农业、现代交通、地球观测与导航10个高技术领域作为发展重点。2016年，随着国家重点研发计划的启动实施，863计划结束了自己的历史使命。

863计划的实施形成了适应中国国情的高技术研究和开发的发展战略，完成了高技术研究与开发的总体布局，建立起一批高技术研究和高技术产品开发基地，取得了一批具有国际水平的高技术成果，突破了一批重大关键技术，推动中国的高技术研究逐步由跟踪模仿走向自主创新。不仅如此，863计划有力推动了中国对外科技交流与合作，为各领域国际交流奠定了必要基础。863计划既是科研瞭望塔，也是人才大熔炉，为国家培养了一批高水平、多层次科学技术人才。

本书围绕863计划展开，主要内容包括：863计划提出的背景；863计划的内容、实施与推进；863计划各领域主要研究方向及成果；863计划制定与实施的历史经验与反思；等等。

本书第一章介绍863计划的由来。在20世纪80年代国际高技术竞争的推动下，4位科学家联名"上书"的建议得到了邓小平的果断批复，经过数百名科学家严格的科学与技术论证，863计划正式出台。第二章对863计划实施与推进的总体情况进行历史考察，将863计划实施与推进的历史分为三个时期，即"瞄准前沿，积极跟踪"（1986—2000年）、从重点跟踪到突出跨越的战略转变（2001—2005年）、超前部署前沿技术，引领未来发展（2006—2016年），考察863计划各阶段的领域、目标、定位、特点，探讨863计划如何推动新中国高技术发展实现由点到面、由跟随到创新发展的转变。从第三章到第九章，本书分别对863计划各领域的研发情况和主要成果进行了梳理，其中对于有代表性的科学家及其突出成果进行专题介绍，从而体现出863计划的实施对于新中国科学技术各领域发展的推进作用。结语部分尝试从当前中国科技事业建设中的现实重大问题出发，吸收科技界、学界关于863计划的研究成果，总结863计划制定与实施的历史经验及启示，以期对今后中国加快推进高水平科技自立自强、建设世界科技强国有所助益。

党的二十大报告指出，必须坚持科技是第一生产力、人才是第一资源、创新是第一动力，深入实施科教兴国战略、人才强国战略、创新驱动发展战略，开辟发展新领域新赛道，不断塑造发展新动能新优势。应该说，党的二十大报告凸显了教育、科技、人才在现代化建设全局中的战略定位。面临以科技强国建设支撑社会主义现代化强国建设的历史重任，我们必须加快实现高水平科技自立自强。863计划制定与实施的历史经验对于今后中国完善科技创新体系、加快实施创新驱动发展战略有所启示。在全面建设社会主义现代化国家新征程上，必须坚持党对科技工作的集中统一领导，完善科技体制机制，不断提升我国发展独立性、自主性、安全性，不断塑造发展新动能新优势，加快建设世界科技强国。

第一章 863计划的出台

20世纪,两次世界大战给人类带来了巨大灾难,但在客观上大大刺激了与军事有关的尖端技术迅速发展,原子能、电子计算机、火箭技术三大尖端成果的发明使用,直接推动了第三次科技革命的来临。1983年,美国提出"星球大战"计划,此后,世界各国相继制定了本国的高技术研究发展战略。新中国成立后,为了保障国家安全,中共中央在加强国民经济建设的同时,也加强尖端技术的研发,为高技术研发的开展奠定了坚实的基础。为应对世界新技术革命挑战,20世纪80年代初,党和政府开始考虑发展新技术的对策,在国际高技术竞争的直接推动下,中国高技术研究发展计划——863计划登上历史舞台。

第一节 20世纪80年代的国际高技术竞争

1983年3月,美国总统里根发表了题为"战略防御倡议"的电视讲话，公开宣布要在空间和地面建立大规模的、以定向能武器为主的新兴反导弹防御系统，以拦截并摧毁来袭的导弹弹头。后经"防御技术研究小组"和"未来安全战略研究小组"历时半年左右的反复研究，于1984年1月由里根政府正式批准实施，因其与科幻电影《星球大战》的情节相似，被称为"星球大战"计划（SDI）。实行该计划的主要目的是：在20世纪末建立高效能的空间反弹道导弹战略防御系统，对来袭导弹进行多层综合拦截，最终消除苏联核武器对美国的威胁。实际上，"星球大战"计划的提出不仅标志着美苏太空军事竞争的重大升级，而且由于该计划涵盖大批新兴科学技术，其重要目的之一就是通过该计划促进国防科技的发展，从而带动高新技术和国民经济的全面振兴，以确保美国在军事、政治、经济领域的世界领先地位。1985年6月20日，经美国众议院批准，为"星球大战"计划拨款25亿美元。

"星球大战"计划的出台在全球范围内引起了重大反响。首先，苏联将该计划看作对本国军事、经济、技术和政治的全面挑战。在高技术领域，苏联在历史上曾取得领先全球的成果，特别是在航天工业等领域。然而，在新技术革命中，苏联起步较晚，时至20世纪80年代，苏联在计算机、生物工程、新材料等高技术领域的研发水平已明显落后于美国、日本和西欧各国。美国的"星球大战"计划公布后，苏联很快作出反应。1985年4月苏共中央召开全会（下文称"4月全会"），制定了"依靠科技进步加速社会经济发展"的战略方针。6月又召开全苏科技大会，号召全党、全国、全民，把科技进步作为"头等大事"来抓，使"4月全会"的战略具体化。1985年，苏联同10个经济互助会成员国签订了《经互会成员国至2000年科技进步综合纲要》（简称《科技进步综合纲要》），它囊括了当时世界五个方面的最新技术和最新工艺，其中心内容是，加快经互会成员国的科技进步，推动科技成果迅速转化为生产力；其战略目标是，力争到2000年，苏联、东欧国家在科技和生产方面取得"现代化的革命进展"，达到"世纪最高水平"，为21世纪奠定最好的经济、科技基础；具体目标是实现国民经济集约化，用最新的科技成果武装国民经济各部门，将国民收入和劳动生产率提高1倍以上，大大降低物质消耗，增强与西方的竞争能力；主攻方向是电子化、自动化、新材料、新能源和生物工程等领域的高技术研发。

为应对新技术革命的冲击和"星球大战"计划，西欧各国开始酝酿一项联合开发高技术的总体发展战略。1985年4月，法国召开政府内阁会议，法国总统密特朗提出要建立"技术欧洲"的计划，即"尤里卡"计划（EUREKA）。国际上把"星球大战"计划、"尤里卡"计划、《科技进步综合纲要》和日本1986年12月宣布的《人类新领域研究计划》，并称为四大高科技发展计划。同时期，还有不少国家相继提出本国的高技术发展计划，如，韩国推出"国家长远发展构想"，印度发表"新技术政策声明"，南斯拉夫提出"联邦科技发展战略"，等等。在国际高技术竞争的严峻形势下，中国开始研讨本国的应对策略。[①]

第二节　4位科学家联名"上书"

从1984年开始，中国有关部门多次组织专家对美国的"星球大战"计划进行分析。专家认为：从表面上看，"星球大战"计划是针对苏联军事威胁的战略防御计划，事实上，该计划涵盖大批新兴尖端科学技术。从这一点看，美国有深远的政治目的，即通过促进国防科技发展，带动高新技术和国民经济的全面振兴，以确保美国在全球的政治地位。然而，对于中国应采取什么对策这一问题，专家的意见存在分歧：一种意见认为，中国应采取相应的对策措施，迎接新技术革命挑战；另一种意见则认为，中国目前尚不具备全面发展高科技的经济实力，应先研发短期见效项目，采取"拿来主义"，引进国外先进技术成

[①] 本节内容参见《新科技革命的趋势和对策》，法律出版社1991年版，第361、461—463、465、467页；李鸣生：《中国863》，山西教育出版社1997年版，第23—30页。

果"为我所用"。

"现在不做，到下世纪就没有了，就根本跟不上了！"著名应用光学家王大珩在一次座谈会上发表意见，进而阐述自己的观点，"早年搞'两弹一星'的时候，我国的经济实力也完全不能与美苏等超级大国相提并论，但是我国独立自主、自力更生，只花了不到美苏二十分之一的钱就搞出了'两弹一星'，这样在国际上的地位就大不一样了，人民才有了不受核威慑的生活环境。搞高科技研究也是一样，只要我们集中力量、突出重点，完全可以花较少的钱办较大的事。此外，高技术的东西，'有一点儿'和'一点儿没有'大不一样，是个战略问题。就我国国情而言，我们国家只能重点地搞，这个重点怎么搞呢，要利用这个作为一个种子，能带动其他的方面。"

王大珩在讲话中提及中国科学家在"两弹一星"工程研发中的经验。事实上，集中有限资源，选择研发重点，再带动其他方面的研发模式正是来源于中国国防尖端技术研发的历史经验。同样亲历"两弹一星"工程研发的无线电电子学专家陈芳允抱有与王大珩相同的观点。他曾在一次会议发言中指出："在科学技术飞跃发展的今天，谁能把握住高科技领域的发展方向，谁就可能在国际竞争中占据优势。我国的经济实力不允许全面发展高科技，但我们在一些优势领域首先实现突破是完全可能的。"

1986年年初的一天，陈芳允来到王大珩家，交换彼此的想法后，陈芳允提议："能不能写个东西，把我们的想法向上反映反映。"王大珩当即表示赞成："对，应该让最高领导了解我们的想法，争取为国家决策提供帮助。"于是，两位科学家决定写一个建议书，呈送给中共中央和国务院领导，由王大珩负责起草。王大珩回忆道："我自己写了我国应采取对策的主文，主要是归纳了专家座谈会的意见。我又邀请航天部科技委的杨嘉墀，因为他对空间技术很熟悉，还有我国科学界前辈王淦昌，经商量定稿后，由我们四人以中国科学院学部委员为名义，于1986年3月3日，联名上书邓小平、胡耀邦等中央领导，题目是《关于跟踪研究外国战略性高技术发展的建议》（简称《建议》）。"

《建议》这样写道："我们绝不能置之不顾，或者认为可以待10年、15年我国的经济实力相当好时再说，或者认为以后可以靠引进。我们认为真正的新技术是引进不来的"，"必须从现在抓起，以力所能及的资金和人力追踪新技术的发展进程。须知，当今世界的竞争非常激烈，稍一懈怠，就会一蹶不振。此时不抓，就会落后到以后翻不了身的地步"，"在整个世界都在加速新技术发展的形势下，我们若不急起直追，后果是不堪设想的"。"我们觉得面对'星球大战'所导致的世界形势，我们有必要采取在新技术上'跟踪'的策略。""我国近20年来，已有一定的基础，并培养了一支攻坚队伍。这是我国多年来精心培养出来的宝贵财富。我们应该组织他们继续前进，而不宜任其分散。否则，现在散了，以后要重整旗鼓就难了，那将使人才大大地浪费。"[1]

《建议》深入分析了世界新技术革命发展对改变社会生产方式和产业结构的重大影响，提出掌握高技术必将极大地提高社会劳动生产率，深刻变革社会生产劳动方式，加速社会发展进程，在激烈的国际竞争中取得主动地位。《建议》不仅全面论述了中国发展高技术的重要意义，而且提出了一条可行的发展路径，即集中有限的资金和人力，选择重点目标，追踪世界新技术发展的进程，应用于社会生产。

王淦昌、陈芳允、杨嘉墀、王大珩4位科学家的经历有诸多共通之处：他们在新中国成立之前赴海外求学或工作，这使得他们能够始终关注世界科学技术发展的前沿；20世纪五六十年代，他们投身于国防尖端科学技术的研发工作，对于高技术研发的战略性意义以及中国发展高技术的可行性有共同的认识；80年代，他们分别调任各部门

---

[1] 胡晓菁：《赤子丹心　中华之光：王大珩传》，中国科学技术出版社2016年版，第269—270页；马京生：《陈芳允传》，中国青年出版社2016年版，第202—204页；郭兆甄：《王淦昌传》，中国青年出版社2015年版，第320—321页。

行政管理职务，这要求他们不仅要在自身的专业领域有所成就，而且必须立足于中国科学技术事业的整体发展，发挥"战略科学家"的咨询职责。正是在4位科学家高瞻远瞩的倡导下，863计划登上历史舞台。

第三节　863计划的论证与获批

从20世纪70年代后期开始，邓小平密切观察着世界科技领域的发展动向，高度重视高技术的发展，并且开始思考中国的对策。20世纪80年代初，他指出："世界新技术革命蓬勃发展，经济、科技在世界竞争中的地位日益突出。"1986年3月3日，4位科学家的建议书呈送至中南海。3月5日，邓小平就对《建议》作出批示，"这个建议十分重要"，并特别指出，"此事宜速作决断，不可拖延"。[①]随后，邓小平责成国务院有关负责人具体落实，组织专家进行调查论证。由于该计划于1986年3月由科学家上呈，并获得邓小平批示，故以863计划命名。

"军民结合，以民为主"

1986年3月8日，国务院召集有关部门负责人，针对如

---

① 《邓小平科技思想年谱（1975—1994）》，中央文献出版社、科学技术文献出版社2004年版，第209页。

何落实邓小平重要批示等问题进行研讨。会议讨论了高科技计划的"军用"与"民用"问题，认为该计划"应该包括军用、民用和军民两用的尖端技术"。会议结束后第二天，国务院科技领导小组建立起制定高技术研究发展计划小组，负责主持863计划的制定工作。

3月11日，国务委员张劲夫邀请王大珩、王淦昌、杨嘉墀、陈芳允4位科学家到中南海办公室，就建议书中所提到的关于中国高科技发展的问题进行洽谈，详细听取他们对发展中国高技术的设想和建议。

3月25日，国务院科技领导小组组织成立制定高技术计划编制小组（联合工作班子），成员包括来自国家计委、国家科委、国防科工委、国务院发展研究中心及中国科学院等单位的30多位领导与学者。4月5日，国家科委副主任吴明瑜以个人名义给邓小平写了一封信，信中写道："现在各方对这个拟议中的计划，出发点尚有不小的差异。虽然都赞成军民结合，但有的同志认为应当以军为主，有的则认为应当以民为主"；"根据您多次指示精神，特别是一九八四年十一月您在军委座谈会上的讲话精神，我以为提军民结合，以民为主，可能更切合我国今天的国情"。①4月6日，邓小平作出批示："我赞成'军民

---

① 吴明瑜口述、杨小林访问整理：《科技政策研究三十年——吴明瑜口述自传》，湖南教育出版社2015年版，第231—232页。

结合，以民为主'的方针。"①此后，"军民结合，以民为主"被确定为863计划的基本方针。

863计划的论证

基本方针确定后，中共中央、国务院组织了3轮极为严格的科学和技术论证，数百名科学家积极参与其中，发挥了重要作用。

第一轮论证自1986年4月开始，主要任务是初步确定优先发展的高技术领域及其战略目标。4月6—26日，高技术发展计划第一阶段论证在北京大学招待所进行，来自全国各地的100多名科技专家进行了20天的集中研讨。4月7日，国务院领导参加科学家座谈会，就发展高技术的目标、方针、计划的性质、工作的方法、步骤以及计划实施中采取的措施等作了重要讲话。会议期间胡启立、方毅、余秋里、王兆国、张爱萍等领导以及有关部门领导到会听取专家意见，专家认真分析研究了国外高技术发展趋势，结合我国实际情况，推荐我国优先发展的技术领域；4月20日，生物、信息、自动化、新材料、核技术5个民口专家组分别论证形成各种技术研究发展轮廓设想；4月22日，民口专家组讨论863计划总结，初步提出计划的目

---

① 《邓小平科技思想年谱（1975—1994）》，中央文献出版社、科学技术文献出版社2004年版，第209—210页。

标、方针、政策和措施；4月25日、26日，民口科学家代表直接向国务院领导汇报论证进展。讨论会结束当天，钱学森在国务院专家汇报会上发言，对制定高技术计划提出9点意见。会后，国家科委主任宋健和国防科工委主任丁衡高就研究制定中国高技术研究与发展计划召开的专家座谈会的情况向国务院领导作了书面汇报，其中包括专家制定的高技术计划7个方面15个主题的建议。5月5日，第一阶段论证工作完成，以宋健和丁衡高的名义向中央提交论证报告，基本确定了7个技术领域。

第二轮论证自1986年5月开始，至8月中旬结束，主要讨论计划纲要、主题项目和向中央汇报提纲3个文件的起草工作。5月10日，宋健、丁衡高向国务院汇报了关于制定863计划的下一步工作安排。国务院领导作出指示：首先，关于目标和领域的选择，提出"目标选择是战略问题，选得不准，选得不对，就要造成损失"，"根据需要和可能来确定项目的轻重缓急，要对既有需要又有可能实现的领域或项目给予重点支持"。在专家拟定的重点领域和项目中，特别指出了生物工程的重要性："生物工程要重视。搞这个项目，投资也较少，应用面又很广，一旦有成果，就可尽快转移到实际应用上。"关于计划完成的时间，指出"说是面向21世纪，但本世纪末应当有所突破，应当出一些成果，不能到'九五'完了时没有成果，那是交代不了的"。关于计划实施的具体方式,提出"关于跟踪要具体分析,有的要积极跟踪,争取有所突破。看准了就研究开发,看不准的先预研,预研后再定"。

5—7月,由国务院科技领导小组组织,来自国家计委、国家科委、国防科工委、国家教委、国务院发展研究中心和中国科学院等单位的30多人组成了联合工作班子,在专家推荐项目的基础上,采取专题研究和综合评议相结合的办法,先后邀请100多位专家和领导召开了一系列小型会议,对项目进行审查和筛选,确定了领域和主题项目,同其他有关计划作了分工和链接,确定了各项目的总目标、阶段目标和经费估算,提出了实施计划的政策和措施,分别征求了有关部门的意见,最终形成了报送国务院的《"863"计划纲要》。

第三轮论证自8月底至9月。8月31日,国务院科技领导小组办公室邀请参加过863计划座谈会的各专家组组长、部分有代表性的科学家及有关部门人员共60人,对《"863"计划纲要》再作修改,最终形成了上报中央和国务院的送审稿。

《"863"计划纲要》贯彻了"军民结合,以民为主"的方针;体现了"瞄准前沿,积极跟踪"的思想;坚持了"有限目标,突出重点"的原则,结合中国国情,具有中国特色,并把培养新一代高水平的科技人才作为一个重要目标。9月25日，国务院将《"863"计划纲要》《领域和主题项目》《汇报提纲》3个文件报送中央领导。

《"863"计划纲要》批准发布

1986年10月6日，邓小平在报告上批示："我建议，可以这样定下来，并立即组织实施（若有缺点或不足，在实施中可以修改和补充）。耀邦、先念、陈云同志审核后，提政治局讨论、批准。"①10月21日，中共中央政治局专门在中南海怀仁堂召开第四十次扩大会议，国务院科技领导小组办公室对于制定高技术研究发展计划的情况进行了详细汇报。经过研究和讨论，会议批准了《"863"计划纲要》，使得该计划成为中国首个由中共中央政治局召开扩大会议通过的科技计划。②

1986年11月18日，中共中央、国务院向各省、自治区、直辖市党委和人民政府，各大军区、省军区、野战军党委，中央和国家机关各部委，军委各总部、各军兵种党委，各人民团体转发《高技术研究发展计划（"863"计划）纲要》，同时指出："中央认为，当代世界的新技术革命，将对人类社会的经济生活和社会生活产生重大影

---

① 崔禄春：《"863"计划是怎样出台的》，《百年潮》，2006年第4期。
② 《辉煌的历程——863计划大事记》，科学技术文献出版社2001年版，第27—28页；汝鹏：《科技专家与科技决策："863"计划决策中的科技专家影响力》，清华大学出版社2012年版，第68—69页。

响。在几个重要的高技术领域跟踪世界水平，这对我国在本世纪末、下世纪初经济和科学技术的持续发展，对国防实力的增强都具有极为重要的意义……必须充分重视高技术对我国未来经济和社会的影响。从现在起，应组织少量精干的科技力量，选择对我国今后经济建设有重大影响的某些高技术领域跟踪世界水平，力争有所突破，并造就一批新一代的高水平技术人才，为未来形成高技术产业准备条件。"[①]

至此，863计划正式出台，它的制定和实施使中国的高技术研发进入新的历史发展阶段。

表1.1 《"863"计划纲要》的领域与主题设置

领域	主题
生物技术	101主题：高产、优质、抗逆的动植物新品种 102主题：新型药物、疫苗和基因治疗 103主题：蛋白质工程
信息技术	306主题：智能计算机系统 307主题：光电子器件与微电子、光电子系统集成技术 308主题：信息获取和处理技术 317主题：通信技术
自动化技术	511主题：计算机综合制造系统（CIMS） 512主题：智能机器人
能源技术	613主题：燃煤磁流体发电 614主题：先进核反应堆

[①] 《辉煌的历程——863计划大事记》，科学技术文献出版社2001年版，第29—30页。

续表

领域	主题
新材料技术	715主题：高技术关键新材料
海洋技术	818主题：海洋监测技术 819主题：海洋生物技术 820主题：海洋探查与资源开发技术
航天技术	面向下一个世纪的空间技术的发展预研工作，如发射运载手段、空间技术应用等
激光技术	强激光领域及有关的问题

第二章　863计划的实施与推进

从863计划组织实施，到863计划被纳入国家重点研发计划，863计划的实施历时近30年。在这近30年中，863计划的实施与推进主要历经三个阶段：1986—2000年，"瞄准前沿，积极跟踪"；2001—2005年，从重点跟踪到突出跨越的战略转变；2006—2016年，超前部署前沿技术，引领未来发展。随着国家科技计划体系的不断完善，中共中央根据世界高科技发展的动向和国家重大战略需求，不断对863计划在国家科技计划体系的定位、战略任务及其所涵盖的研究领域进行调整。在此过程中，863计划有效带动了中国高技术研究领域由"点"到"面"、由跟随研究到跨越发展的转变。

第一节 "瞄准前沿，积极跟踪"
（1986—2000年）

1986年，863计划启动。为了实现以有限的投入在高技术前沿占有一席之地的目标，专家本着"有限目标，突出重点"的原则、"瞄准前沿，积极跟踪"的思想，推选出中国优先发展的7个技术领域，分别为：生物技术、航天技术、信息技术、自动化技术、能源技术、新材料技术、激光技术（1996年7月，国家科委领导小组正式批准将海洋技术作为第八个领域列入863计划）。

重视专家作用是863计划的特点。早在863计划酝酿之初，就确定了实行"专家决策管理"机制。专家决策管理制是中国在科技体制改革背景下创立的新型管理体制，力求去除我国长期计划经济体制下科技管理体制的弊病。制度的执行使科技专家的角色从政府决策的被动执行者转变为决策者，不仅具有提出和决定某个项目的权力，而且能够掌握财政权力。1986年11月，《"863"计划纲要》颁布，提出"主题项目设立专家组，领域设立专家委员会"要求。11月22日，国家科委面向相关部门启动863计划专家推荐工作，30多个部委推荐专家候选人超过300人次。在此基础上，国家科委组织开展有针对性的实地调查。经过严格筛选，各领域先后确定若干有可能被遴选上的成员，以座谈会的形式组织成员就领域内的科技发展事项进行研讨，考察专家的综合水平。

1986年年末，国家科委正式启动了863计划民口各领域决策管理机制的搭建工作。1987年2月，民口各领域专家委员会成员陆续选拔完毕，由国家科委正式聘任。2月21—23日，国务院科技领导小组在北京京西宾馆召开863计划各领域专家委员会会议，共有70多位专家以及国家计委、财政部等有关15个部门代表参加。2月23日下午，时任国务院总理在人民大会堂接见863计划领域专家委员会会议代表并合影留念前，特别安排与7个领域首席科学家座谈，再次强调863计划的重要性和实行专家决策管理体制的意义，并且指出："现在首席专家和专家委员的名单已批下来了，但应补充40岁以下的优秀的年轻人，（他们）可干20年。"4—7月，领域专家委员会展开主题专家组人员选聘工作，一大批中青年科技专家进入主题专家组，承担起计划决策与管理重担。1987—1991年，863计划各领域、主题的研发启动。

这一阶段，在国家科技体制改革的有力推动下，中国相继实施了一系列推动科技与经济发展的国家指令性科技计划，形成了3个层次的纵深部署：其一，面向经济建设主战场；其二，发展高新技术及其产业；其三，加强基础性研究，构筑中国新时期科技发展的战略框架。[1]1988年8月，与863计划相衔接的"火炬"计划实施，其目的是促进高新技术研究成果的商品化，推动我国高新技术产业的形成和发展。863计划与"火炬"计划共同构成中国科技工作的第二个战略层次。[2]

进入20世纪90年代后，科学技术对经济社会发展的推动作用日益明显。1991年，邓小平为863计划和"火炬"计划题词"发展高科技，实现产业化"，指明了我国高技术的发展方向。自此，863计划实行"顶天立地"战略，向上跟踪世界高技术前沿，向下逐步实现成果的产业化、商品化。从"八五"开始，为了推动企业参与，充分发挥企业的市场优势和资本优势，863计划通过积极吸引企业参与项目研发，在企业建立产业化促进中心、研发中心、产业化基地等多种方式，积极探索建立以企业为主体、产学研相结合的创新体系，推动科技和经济的结合。[3]1996年，江泽民明确指示863计划要"面向经济建设，勇攀科

---

[1] 中华人民共和国科学技术部：《中国科技发展70年 1949—2019》，科学技术文献出版社2019年版，第102页。

[2] 董光璧：《中国近现代科学技术史》，湖南教育出版社1995年版，第1214页。

[3] 科技部：《863计划推动我国高技术研究实现重大转变——国家高技术研究发展计划（863计划）25周年回顾之八》，2012年7月13日，中华人民共和国科学技术部网站。

技高峰",进一步明确了我国高技术的发展目标。[①]江泽民指出:"发展高技术,是我国一项长期战略。要根据世界经济、科技发展的趋势和我们的国情,立足当前,着眼长远,既要为解决经济和社会发展的现实问题作出贡献,又要高瞻远瞩地筹划未来。对下世纪初可能影响我国发展的重大高技术问题,要及早作好部署和不失时机地加强研究开发。"[②]

在15年里,863计划重点支持的高技术领域的研究开发水平与世界先进水平的整体差距明显缩小,经专家抽样分析表明,中国科技在某些局部已形成优势,开始在世界高技术领域占有一席之地。

不可否认,这一阶段863计划的执行也存在一些问题,主要问题之一是对成果产业化的重视不够。1999年,863计划倡导者王大珩、杨嘉墀呼吁:"作为一项重要工作,技术创新和企业的生存密切相关,在国家创新体系建设中,要让企业真正成为技术创新的主体。"[③]2000年以后,中国863的实施进入新的发展阶段。

---

① 《863计划成功实施的主要经验——国家高技术研究发展计划(863计划)25周年回顾之九》,2012年7月17日,中华人民共和国科学技术部网站。

② 朱幼棣,刘思扬,杨振武:《江泽民会见"八六三计划"十周年工作会议代表时强调大力发展高技术及产业促进经济增长方式转变 李鹏刘华清参加会见 党和国家领导人参观成果展览》,《人民日报》,1996年4月5日。

③ 李斌,贾西平:《"八六三"计划倡议人呼吁 让企业真正成为技术创新主体》,《人民日报》,1999年4月21日。

第二节 从重点跟踪到突出跨越的战略转变
（2001—2005年）

20世纪90年代，中共中央根据世界科技发展潮流和中国现代化建设需要，正式提出并实施科教兴国战略，对中国特色社会主义事业的跨世纪发展起到了推动作用。1999年8月20日，中共中央、国务院印发《关于加强技术创新，发展高技术，实现产业化的决定》（以下简称《决定》），明确提出在新的历史时期中国科技发展的主要任务，重点在技术创新，发展高科技，实现产业化，深化体制改革，促进技术创新和高新科技成果商业化、产业化，加强党和政府的领导等方面作了具体部署。《决定》指出，发展高科技，实现产业化，即高新技术成果商业化、产业化，要从体制改革入手，激活现有科技资源，加强面向市场的研究开发，大力推广、应用高新技术和适用技术，使科技成果迅速而有效地转化为富有市场竞争力的商品。8月23日，全国技术创新大会在北京开幕。大会提出要把科技创新为先导促进生产力发展的质的飞跃，摆在经济建设的首要地位，并作为重要的战略指导思想。2001年，中国加入世界贸易组织，为了突破发达国家构筑的知识产权壁垒，必须加强自主创新和原始创新。这一时期，中国的科技工作在全面实施科教兴国战略的基础上,加强科技创新,加速科技成果向现实生产力转化,努力在更高水平上实现技术发展跨越。①

2001—2005年,中国高技术产业处于全面发展阶段。为了进一步推动中国高技术研究及产业化的开展,有关部门决定在"十五"期间及其以后相当长的时间里,继续组织实施863计划。这一时期,科技部对"十五"期间国家科技计划的体系结构、组织形式、管理模式等方面作出相应的改革和调整,构建了更有利的科技计划管理体系,也称为"3+2"体系,"3"指3个主体科技计划,即国家科技攻关计划、863计划、国家重点基础研究发展计划(973计划);"2"指两大类科研环境建设计划。通过三大主体科技计划,在国民经济和社会发展的战略性领域,进一步实现国家科技发展战略,集成资源,集中力量,并明确以重大专项的实施为突破口,推动科技计划从注重单项创新转变为更加强调多种技术的集成性、配套性、成熟性,提高技术产品、产业在国际市场的竞争力。②

2001年4月,国务院印发《"十五"纲要》,标志着863计划由阶段性科技计划转变为长期、常设科技计划。

---

① 中华人民共和国科学技术部:《中国科技发展70年 1949—2019》,科学技术文献出版社2019年版,第162页。
② 中华人民共和国科学技术部:《中国科技发展70年 1949—2019》,科学技术文献出版社2019年版,第164页。

《"十五"纲要》是"十五"期间863计划的纲领性文件,对"十五"期间863计划的发展思路、战略目标和主要任务进行了总体部署。《"十五"纲要》的重要使命是增强我国在高技术,特别是战略高技术领域的自主创新能力,为实施现代化建设第三步战略目标提供高技术支撑,在世界高技术领域占有一席之地,力争在一些关系国民经济命脉和国家安全的关键技术领域取得突破,并在我国有相对优势和战略必争的关键高技术领域实现技术的跨越式发展。根据这一总体思路,《"十五"纲要》明确提出4项战略目标:一是在选定的研究领域,显著增强我国高技术创新能力,提高重点产业的国际竞争力;二是为提高我军武器装备的高技术含量,增强我国的国防实力,为打赢一场高技术条件下的局部战争奠定技术基础;三是重点掌握一批能在数年后形成产业、有自主知识产权的重大高技术,培育一批高技术产业生长点,带动我国产业结构的优化升级,形成高新技术产业的群体优势和局部强势;四是造就一批从事高技术研究开发及产业化的创新和创业人才。[1]

2001年6月,国家计委印发《国民经济和社会发展第十个五年计划科技教育发展专项规划(高技术产业发展规

---

[1] 科技部:《关于印发徐冠华部长和马颂德副部长在"十五"863计划总结汇报会上讲话的通知》,2006年5月29日,中华人民共和国科学技术部网站。

划）》，提出根据"总体跟进，重点突破"的总体发展战略，要抓住世界科技革命迅猛发展的机遇，有重点地发展高技术产业，实现局部领域的突破和跨越式发展，逐步形成我国高技术产业的群体优势。[①]12月，科学技术部、总装备部、国防科工委、财政部印发《国家高技术研究发展计划（863计划）管理办法》，明确提出863计划的主要任务是："解决事关国家长远发展和国家安全的战略性、前沿性和前瞻性高技术问题，发展具有自主知识产权的高技术，培育高技术产业生长点，力争实现跨越式发展，为实现国家第三步战略目标服务。"

这一阶段，863计划根据"突出国家目标，结合市场需求；军民结合，以民为主；坚持有所为，有所不为"的基本原则，全力以赴落实《"十五"纲要》的总体部署。"十五"期间，863计划按主题项目和重大专项两部分部署工作。主题项目以鼓励创新、掌握知识产权和攻克关键技术为导向，在民口选择信息技术、生物和现代农业技术、新材料技术、先进制造与自动化技术、能源技术和资源环境技术6个高技术领域的19个对增强综合国力最具影响的主题方向作为发展重点。重大专项以重大系统和工程为核心，以市场、应用和国家重大战略需求为导向，集

[①] 《国家计委关于印发国民经济和社会发展第十个五年计划科技教育发展专项规划（高技术产业发展规划）的通知》，2001年6月11日，中央政府门户网站。

中力量，重点解决一批对未来我国高技术发展和参与国际竞争具有战略意义，对形成具有国际竞争力的高技术产业群和新的经济增长点有大的带动和示范作用，对提高我国重点产业竞争力和产业升级有重大影响，以及可以形成我国高技术特色、实现跨越发展的重大高技术问题。863计划通过对超大规模集成电路设计与软件、功能基因组和生物芯片、平板显示技术、7000米水下机器人、电动汽车、节水农业、水污染治理技术与示范工程等27项重大专项的实施，力图攻克一些关系经济社会发展或亟须解决的重大科技问题。[①]

与前一阶段比较，2001—2005年863计划呈现出几个主要特点：其一，鼓励创新，突出了知识产权目标。"十五"期间，863计划将"人才、专利和技术标准"三大战略的实施作为重要内容，在课题评审、验收等环节中，将是否具有自主知识产权作为一项考量指标，鼓励和引导科技人员大胆创新。同时加强知识产权管理和保护。与前15年相比，"十五"期间获得的专利数几乎是前15年总和的3倍，充分说明863计划的实施正在由注重跟踪模

[①] 科技部：《关于印发徐冠华部长和马颂德副部长在"十五"863计划总结汇报会上讲话的通知》，2006年5月29日，中华人民共和国科学技术部网站；《关于印发〈国家高技术研究发展计划（863计划）管理办法〉的通知》，2001年12月25日，中央政府门户网站；科技部：《国家高技术研究发展计划（863计划）》，2006年10月21日，中华人民共和国科学技术部网站。

仿向加强自主创新转移。其二，经费投入增大，来源多元化。"十五"期间安排了专项研究经费220亿元。民口863计划中的中央财政投入达150亿元，超过前15年的总和。经费来源方面，从"十五"开始，863计划的经费不再局限于中央财政拨款。重大专项的研究开发经费实行政府、企业、社会多渠道筹措，以鼓励地方、行业、企业及全社会对高技术研究发展的投入。其三，注重发挥企业的创新主体作用，加强高技术研究和经济发展的紧密结合。"十五"期间，863计划把鼓励企业参与作为一项重要内容和举措。从"十五"开始，863计划项目的承担主体逐渐向企业倾斜。根据相关统计，"十五"期间863计划共安排课题6000余项，高校、科研院所和企业分别承担了课题数的38％、31％和28％，各自获得的课题经费分别占总经费的27％、30％和40％。①

这一阶段，通过863计划的实施，中国在前沿技术方面取得了一批标志性成果，形成了一批重大关键技术和产品，突破了一批产业核心技术，促进了高新技术产业的发展，从整体上缩小了同外国高技术水平的差距，在一些局部领域已经接近或者达到了国际领先水平，为中国在一些有优势的重点领域赶超、跨越国外同行创造了条件。

---

① 郭金明，杨起全，王革：《我国高技术研究发展计划（863计划）的历史沿革和新时期面临的问题》，《自然辩证法研究》，2021年第9期。

在取得巨大成就的同时，这一阶段863计划也存在不足之处。例如，尽管加强了在关键和核心技术领域的研发力度，许多方面实现了从无到有，掌握了自主知识产权，但具有原始性创新的成果依然不多。在世界高技术竞争日趋激烈的背景下，中国要实现高技术产业跨越式发展的目标，必须从国家发展全局的高度充分认识自主创新的战略意义，把加强自主创新能力作为我国科学技术发展的战略基点，把加强高技术研究开发作为增强自主创新能力的重要内容，从战略研究水平、人才培养和团队建设等多方面持续探索。①

第三节　超前部署前沿技术，引领未来发展（2006—2016年）

2006年1月，中共中央、国务院召开全国科学技术大会，明确提出用15年的时间把我国建设成为创新型国家的战略目标，号召全党全国人民坚持走中国特色自主创新道路，为建设创新型国家而努力奋斗。②大会发布了《国家中长期科学和技术发展规划纲要（2006—2020年）》（以

---

① 科技部：《关于印发徐冠华部长和马颂德副部长在"十五"863计划总结汇报会上讲话的通知》，2006年5月29日，中华人民共和国科学技术部网站。

② 胡锦涛：《坚持走中国特色自主创新道路　为建设创新型国家而努力奋斗——在全国科学技术大会上的讲话》，人民出版社2006年版。

下简称《中长期纲要》），提出了2006—2020年中国科技工作的指导方针，即"自主创新、重点跨越、支持发展、引领未来"。《中长期纲要》对我国科学技术发展作出了四大战略部署：立足于中国国情和需求，确定若干重点领域，突破一批重大关键技术，全面提升科技支撑能力；瞄准国家目标，实施若干重大专项，实现跨越式发展，填补空白；应对未来挑战，超前部署前沿技术和基础研究，提高持续创新能力，引领经济社会发展；深化体制改革，完善政策措施，增加科技投入，加强人才队伍建设，推进国家创新体系建设，为中国进入创新型国家行列提供可靠保障。《中长期纲要》确定11个国民经济和社会发展的重点领域，并从中选择任务明确、有可能在近期获得技术突破的68项优先主题进行重点安排。部署了8个技术领域的27项前沿技术，8个技术领域包括：生物技术、信息技术、新材料技术、先进制造技术、先进能源技术、海洋技术、激光技术、空天技术。①

为了落实《中长期纲要》确定的目标和任务，加快推进国家创新体系建设，建立适应新形势要求的国家科技计划管理体系，2006年1月，科技部印发《关于国家科技计划管理改革的若干意见》（以下简称《意见》）。根

---

① 国家发展和改革委员会：《国家中长期科学和技术发展规划纲要（2006—2020年）》，人民出版社2012年版，第659—688页。

据《意见》,"十一五"国家科技计划体系主要由基本计划和重大专项构成:基本计划是国家财政稳定持续支持科技创新活动的基本形式,包括基础研究计划、科技攻关计划、高技术研究发展计划、科技基础条件平台建设计划、政策引导类科技计划等;重大专项是体现国家战略目标,由政府支持并组织实施的重大战略产品开发、关键共性技术攻关或重大工程建设,通过重大专项的实施,在若干重点领域集中突破,实现科技创新的局部跨越式发展。此次改革进一步明确了国家科技计划的定位,其中863计划的定位是"以发展高技术、实现产业化为目标,进一步强调自主创新,突出战略性、前瞻性和前沿性,重点加强前沿技术研究开发"[①]。

2006年7月31日,科学技术部、总装备部、财政部印发《国家高技术研究发展计划(863计划)管理办法》,指出863计划是解决事关国家长远发展和国家安全的战略性、前沿性和前瞻性高技术问题,发展具有自主知识产权的高技术,统筹高技术的集成和应用,引领未来新兴产业发展的计划,主要支持《中长期纲要》提出的前沿技术和部分重点领域中的重大任务。"十一五"期间,863计划重点支持信息技术、生物和医药技术、新材料技术、先进

---

① 《关于印发〈关于国家科技计划管理改革的若干意见〉的通知》,2006年1月17日,中华人民共和国科学技术部网站。

制造技术、先进能源技术、资源环境技术、海洋技术、现代农业技术、现代交通技术和地球观测与导航技术等高技术领域的研究开发工作，并通过专题和项目两种方式组织落实。①②共安排了38个专题28个重大项目300多个重点项目。③进入"十二五"时期，863计划继续在重点领域部署前沿性研发任务。2011年发布的863计划管理办法指出该计划"突出国家战略目标和重大任务导向"，强调863计划"以解决事关国家长远发展和国家安全的战略性、前沿性和前瞻性高技术问题为核心"，提出"攻克前沿核心技术，抢占战略制高点；研发关键共性技术，培育战略性新兴产业生长点；培育和造就一批高水平人才和团队，形成一批高技术研究开发基地，提升我国高技术持续创新能力"④等目标。

以863计划为代表的国家科技计划取得了一大批举世瞩目的重大科研成果，培养和凝聚了一大批高水平创新人才和团队，解决了一大批制约经济和社会发展的技术瓶

---

① 《关于印发〈国家高技术研究发展计划（863计划）管理办法〉的通知》，2006年8月8日，中华人民共和国科学技术部网站。
② 《国家高技术研究发展计划（863计划）管理问答》，2007年7月10日，中华人民共和国科学技术部网站。
③ 科技部：《863计划推动我国高技术研究实现重大转变——国家高技术研究发展计划（863计划）25周年回顾之八》，2012年7月13日，中华人民共和国科学技术部网站。
④ 《关于印发〈国家高技术研究发展计划（863计划）管理办法〉的通知》，2011年8月25日，中华人民共和国科学技术部网站。

颈问题，全面提升了中国科技创新整体实力，强有力地支撑了中国改革与发展的进程。然而，由于顶层设计、统筹协调、分类资助方式不够完善，中国科技计划长期存在重复、分散、封闭、低效等现象，多头申报项目、资源配置"碎片化"等问题。

2015年1月，国务院发布《关于深化中央财政科技计划（专项、基金等）管理改革的方案》，提出优化科技计划布局，将国家自然科学基金、国家科技重大专项、国家重点研发计划、技术创新引导专项、基地和人才专项5类科技计划全部纳入统一的国家科技管理平台管理。在此次改革中，863计划被纳入国家重点研发计划，根据国民经济和社会发展重大需求及科技发展优先领域，凝练形成若干目标明确、边界清晰的重点专项，从基础前沿、重大共性关键技术到应用示范进行全链条创新设计，一体化组织实施。[1]2016年2月，国家重点研发计划正式启动，标志着实施近30年的中国863计划完成其历史使命。[2]

---

[1] 《国务院印发关于深化中央财政科技计划（专项、基金等）管理改革方案的通知》，2015年1月7日，中华人民共和国科学技术部网站。

[2] 叶乐峰：《国家重点研发计划正式启动实施》，《光明日报》，2016年2月17日。

表2.1　863计划指导思想、领域（民口）与目标的阶段性演进

时间段	指导思想	领域（民口）	目标
1986—2000年	瞄准前沿，积极跟踪	生物技术、信息技术、自动化技术、能源技术和新材料技术	在几个重要的高技术领域，跟踪国际先进水平，缩小同国外的差距，并力争在有优势的领域有所突破，为本世纪末特别是下世纪初的经济发展和国防安全创造条件；培养新一代高水平的科技人才；通过伞形辐射，带动相关方面的科学技术进步；为下世纪初的经济发展和国防建设奠定比较先进的技术基础，并为高技术本身的发展创造良好的条件；把阶段性研究成果同其他推广应用计划密切链接，迅速地转变为生产力，发挥经济效益
2001—2005年	从重点跟踪到突出跨越	信息技术、生物和现代农业技术、新材料技术、先进制造与自动化技术、能源技术、资源环境技术	继续瞄准世界技术发展前沿，加强创新，实现从重点跟踪到突出跨越的战略转变。通过5年的努力，在选定的研究方向，显著增强我国高技术创新能力，提高重点产业的国际竞争力；重点掌握一批在数年后形成产业、有自主知识产权的重大高技术；培育一批高技术产业生长点，带动我国产业结构的优化升级，形成中国高新技术产业的群体优势和局部强势；造就一批从事高技术研究开发及产业化的创新和创业人才
2006—2016年	超前部署前沿技术，引领未来发展	信息技术、生物和医药技术、新材料技术、先进制造技术、先进能源技术、资源环境技术、海洋技术、现代农业技术、现代交通技术、地球观测与导航技术	以解决事关国家长远发展和国家安全的战略性、前沿性和前瞻性高技术问题为核心，攻克前沿核心技术，抢占战略制高点；研发关键共性技术，培育战略性新兴产业生长点；培育和造就一批高水平人才和团队，形成一批高技术研究开发基地，提升我国高技术持续创新能力

表2.2　863计划重点支持的领域及主要方向[①]

领域	主要方向
信息技术	计算机软硬件技术、高性能计算机、通信技术、信息获取与处理技术、高性能宽带信息网技术、信息安全技术等
生物和医药技术	重大新药创制、基因工程药物和疫苗、基因操作与蛋白质工程、生物安全技术及产品、生物信息技术、干细胞与组织工程、生物资源开发利用技术等
新材料技术	光电子材料与器件技术、特种功能材料技术、高性能结构材料技术、平板显示技术、无源电子元器件集成技术、半导体照明工程等方向
先进制造技术	超大规模集成电路制造、现代集成制造系统技术、机器人制造技术、微机电系统等
先进能源技术	煤炭高效洁净利用技术、电网安全与调度控制技术、高效节能与分布式供能技术、核能技术、太阳能技术、风能技术等
资源环境技术	环境污染防治技术、水污染控制技术与治理工程、资源勘探与开发技术等
海洋技术	海洋监测技术、海洋油气勘探资源开发技术、深海探测与作业技术、海洋生物资源开发利用技术等
现代农业技术	农作物新品种培育、新一代节水农业技术与产品、设施农业技术与装备、农业生物药物创制、海水设施养殖技术与装备、食品安全技术、现代农业机械等
现代交通技术	新能源汽车、高速磁悬浮列车、汽车制造、综合交通运输系统与安全技术、重大交通基础设施核心技术等
地球观测与导航技术	地球空间信息系统技术、遥感技术、导航定位与先进传感、空中交通管理技术、重大工程安全传感网监测系统等

[①] 科技部：《紧扣时代需求，引领高技术发展——高技术发展计划（863计划）25周年回顾之二》，2012年6月14日，中华人民共和国科学技术部网站。

第三章　生物技术领域

20世纪80年代，生物技术在国际上飞速发展，已经实现一定规模的产业化，渗透到生命科学的各个领域。在1986年863计划论证中，国务院领导对生物技术研发作出明确指示："生物工程要重视。搞这个项目，投资也较少，应用面又很广，一旦有成果，就可尽快转移到实际应用上。"在863计划的实施中，生物技术领域以农业和医药作为主要突破口，推动中国生命科学研究和生物技术产业不断发展。通过863计划生物技术研发，中国获得了一批有自主知识产权的科学研究成果，凝聚和培养了一支高水平生物科技研究队伍，缩小了中国在生物技术领域与世界先进水平之间的差距，在部分领域跻身国际前列。

第一节　推动生物技术研究与产业化

1987年2月，863计划生物技术领域第一届专家委员会成立，预防医科院病毒所的侯云德研究员任首席科学家。专家委员来自于全国各单位，包括军事医科院基础所、中国生物工程开发中心、北京市肿瘤所、上海医药工业研究院、南京大学、中山大学、中科院上海细胞所、北京大学、中科院生物物理所、中国农科院生物技术中心等等。1987—2000年，生物技术领域分3个主题6个重大项目13个专题项目。3个主题分别为高产、优质、抗逆的动植物新品种（101主题），新型药物、疫苗和基因治疗（102主题），蛋白质工程（103主题）。重大项目包括两系法杂交水稻、抗虫棉花等转基因植物、生物技术药物、重大疾病相关基因研究、恶性肿瘤等疾病的基因治疗、动物乳腺生物反应器。经费投入方面，医药（含蛋白质工程）投入占总投入的52.72%，农业投入占47.28%。2001—2005年，863计划"生物和现代农业技术"领域分4个主题，分别为生物工程技术、基因操作技术、生物信息技术、现代农业技术。"十一五"期间，863计划只设领域，不设主题，所设领域中包括生物和医药技术、现代农业技术等。

自863计划实施以来，中国在农业、医药、基因测序等现代生物技术研发中取得了重大进展，有效推进了生物技术的产业化。

863计划在"七五"期间，提出"到2000年创造出比当时杂交稻单产提高20%以上、双季平均亩产吨粮的亚种间杂交稻新组合"的目标，1997年又启动了"超级杂交稻研究计划"。在863计划的长期支持下，我国相继推出三系法杂交水稻、两系法杂交水稻和超级杂交稻，杂交稻育种理论、技术与应用始终保持国际领先，为保障粮食安全、促进农民增收作出重大贡献。

通过传统育种技术与现代生物技术相结合，中国科学家育成抗病小麦、抗虫玉米、抗病与抗虫水稻等转基因作物，大面积推广应用后，获得了良好的经济效益。其中，转基因抗虫棉为减少农民生产成本和劳动强度，保护生态环境安全和棉农的身心健康，作出重大贡献。据不完全统计，1992—1996年，棉农因防治棉铃虫而中毒人数曾超过24万人次。1997年，国外跨国公司的转基因抗虫棉开始进入我国市场，于1998—1999年占领了国内抗虫棉市场份额的95%。面对棉铃虫大暴发和国外抗虫棉的垄断局面，863计划启动了抗虫基因构建研究项目，并稳定支持了棉花转化体系构建、转基因技术创新等技术，抗虫棉创制取得突破性进展，直接育种国产转基因抗虫棉新品种40多个，衍生抗虫棉品种120多个。2010年，国产转基因抗虫棉份额超过了95%。此外，动物转基因和胚胎移植技术领域，中国在利用胚胎移植生产胚胎牛、羊的技术方面也逐渐走向成熟。①

在863计划的支持下,中国生物学家推出太空育种计划,即在太空卫星、高空气球和神舟太空船上育种。科学家相信,高真空、低重力、强辐射的太空环境,会促进种子变异,送回地球后,可孕育出高品质、高产量、抗疾病的新品种,太空育种计划正是以这种观点为基础。在这方面,中国科学家发表了三大成果:自太空送回的稻米种子,其产量比在地球育种的稻米高出10%—15%;黑龙江农业研究所用太空变种种子培育出的番茄品种,单果重达800克;863计划研究专项中培育出的青椒和地球上栽植的青椒相比产量高出25%,维生素含量高出20%—25%,单果重达750克。至2000年春,生物技术小组利用863计划的支持,以8艘返回式太空船和5个高空气球,送出70种以上农作物种子,包括稻米、棉花、油菜、蔬菜和水果。2000年11月,神舟飞船首飞,运载番茄、西瓜、青椒、玉米、大麦、小麦种子,以及各种草药。"十五"期间863计划实施以来,中国农作物航天育种在新品种培育、知识产权保护与产业化以及航天育种机理研究方面取得了一系列重大突破,航天育种成为快速培养优良品种的途径之一。

---

① 科技部:《着力改善民生 促进社会发展——国家高技术研究发展计划(863计划)25周年回顾之六》,2012年6月29日,中华人民共和国科学技术部网站。

医药是国际竞争最为激烈的领域之一。生物技术领域将医药生物技术作为突破口，推动我国医药生物技术产业快速发展。1989年，中国第一个拥有自主知识产权的基因工程药物——重组α1b干扰素上市。此后，一批基因工程药物和疫苗获准上市，包括乙肝疫苗、白细胞介素、干扰素、红细胞生成素等；基因治疗是国际生物技术研究和开发的热点之一，中国科学家开展了B型血友病、人脑恶性胶质细胞瘤、闭塞性脉管炎等疾病新治疗方案的临床研究，还在病毒和非病毒载体等基因治疗方面取得了一批具有自主知识产权的成果；临时用血的来源紧缺是世界性问题，人血液代用品是世界各国科学家研究的热点之一。中国科学家在引进国外先进技术的基础上，建立了拥有自主知识产权的技术路线，成功将动物血红蛋白转化为安全有效的人血液代用品，其氧传递性、协调性、相容性、稳定性和安全性均达到国际先进水平。"十五"期间，一大批创新疫苗和药物进入临床并被批准上市，为战胜非典、禽流感疫情，缓解艾滋病、肝炎等重大传染病的威胁发挥了重要作用。特别是自2003年启动艾滋病专题研究计划以来，取得了较大进展，建立了疫苗设计、疫苗构建到免疫学临床前评价的通用技术平台。"十一五"期间，甲型H1N1等流感疫苗新工艺新方法的研发取得重要成果，为保证人民健康作出贡献。

基因组学是生物技术的前沿，而人类基因组计划是一项重大工程。863计划生物技术领域与有关部门密切配合，参与人类基因组计划的国际合作研究，成功完成了所承担的人类基因组1%测序任务，使中国在人类基因组研究中占有一席之地，在基因组结构分析和功能研究方面跨入国际先进行列。此后，中国科学家先后完成国际人类单体型图计划10%、炎黄一号基因组100%测序工作。与此同时，中国科学家还充分利用中国的遗传资源优势，积极开展疾病相关基因研究工作。[1]除了人类基因组的测序外，在863计划的支持下，中国还在世界上率先利用第二代基因组测序技术完成了黄瓜基因组测序，完成了29种家蚕和11种野蚕世系的基因组重测序工作；首次构建大熊猫基因组序列精细图和国际上第一张鸭的遗传连锁图谱和细胞遗传图谱。到2012年年底，由中国科学家主导的"万种微生物基因组计划""千种动植物基因组计划"等，引领世界基因组学的研究发展方向，基因组学研究实现了由参与到引领的跨越式发展。

干细胞是一类具有高度自我更新能力和多向分化潜能的细胞，其研究与应用是多种重大疾病再生修复治疗的新途径和新希望。在863计划支持下，中国在治疗性克隆、

---

[1] 强伯勤，刘谦主编：《崛起：纪念863计划生物技术领域实施15周年》，北京时代和信展览展示有限公司设计制作。

胚胎干细胞与诱导性多能干细胞、成体干细胞可塑性、干细胞建库与临床治疗等领域有较好的技术积累。在动物克隆、人胚胎干细胞建系、体细胞核移植与重编程技术、培养扩增、定向诱导分化等方面获得了一批拥有自主知识产权的技术、专利、产品和标准。①

第二节　袁隆平与中国杂交水稻研发

"民以食为天",粮食问题是人类社会生存发展所面临的重要问题,也是关系到人口大国发展的重大战略性问题。事实上,中国粮食作物生产力的提高主要得益于育种、化肥、农药、农业机械等技术的突破。其中在水稻育种方面,不能不提及一位中国著名的科学家,这就是有着"杂交水稻之父"之称的袁隆平。

1987年,两系法杂交水稻被列入国家刚启动的863计划,袁隆平担任该专题责任专家,主持全国16个单位协作攻关。协作组开展原始不育系农垦58S育性转换的光、温条件,育性的遗传行为,花粉败育的生理生化特性,光敏核不育性的转育效果,光敏核不育性的地区适应性等研

---

① 科技部:《面向前沿,前瞻布局,抢占技术制高点——国家高技术研究发展计划(863计划)25周年回顾之三》,2012年6月21日,中华人民共和国科学技术部网站。

究，并培育出一批不同类型的籼、粳型不育系。研究初期，不少研究单位的认识是：光敏核不育水稻的育性受日照长短控制，育性转换与温度无关。经科技工作者深入研究，确定这种类型的不育性不同于一般的核不育类型，其育性表达主要受光、温所调控，故称为光温敏核不育。利用这种类型的不育性培育杂交水稻，在夏天日照长、温度高的时候，可以用恢复系来给它授粉，生产杂交稻种子；在秋天或春天温度比较低、日照短的时候，它就可以恢复正常，自己繁衍下去，但免除了"保持系"，因此称为"两系法"。简而言之，所谓"两系法"杂交水稻技术，就是建立在光温敏雄性不育水稻基础上的育种技术。

然而，两系法杂交水稻技术的研究遇到了不少困难。特别是1989年盛夏低温气候对于两系不育系育性影响很大，使得两系法研究遭到严重挫折。经过冷静分析，袁隆平认为问题的症结在于：选育实用的水稻光温敏核不育系，首先要考虑育性对于温度的反应，关键要揭示水稻光温敏不育性转换与光、温关系的基本规律。根据观察，袁隆平认为关键的指标是导致雄性不育的起点温度要低。据此，袁隆平及时调整了选育不育系的技术策略。遵循新策略，全国多个研究机构陆续培育成一批实用的光、温敏核不育系和两系杂交组合。[①]

[①] 袁隆平：《袁隆平口述自传》，湖南教育出版社2017年版，第137—138页。

历经9年攻关，两系法杂交稻于1995年获得成功。三系法是经典育种方法，而两系法则是中国的创新。两系法简化了育种程序，大大提高了选到优良组合的概率，具有非常广阔的应用前景。一般而言，两系法杂交稻要比同熟期的三系杂交稻增产5%—10%，且米质普遍较好。两系法杂交水稻的成功研制是我国作物育种研究的重大突破，使我国在杂交水稻研究领域持续保持世界领先地位。

继"三系杂交水稻"阶段、"两系杂交水稻"阶段之后，袁隆平等科学家对杂交水稻的研究工作进入"超级水稻"阶段。袁隆平根据长期从事杂交水稻研究的经验，1997年在《杂交水稻的超高产育种》一文中提出，超级杂交水稻育种应该采取旨在提高光合作用效率的形态改良与亚种间杂种优势利用相结合，辅之以分子水段的选育综合技术路线，并设计了超高产株型模式。该文被国际权威刊物《科学》(Science)推介。1997年"超级杂交稻研究计划"启动。2000年，超级杂交稻实现一期目标。除了增产外，新型的超级杂交稻更重视水稻营养，以期减少贫血和视觉疾患。"十五"期间，中国超级稻育种理论、技术及农作物杂种优势利用技术继续保持世界领先，先后育成超级优质杂交水稻品种221个，其中"中浙优1号"亩产达818.88公斤。2000年和2004年实现超级杂交稻研究计划第一期10.5吨每公顷和第二期12.0吨每公顷的产量指标。

2011年百亩试验亩产已达926.6公斤。2016年，中国双季超级稻成功实现亩产1537.78公斤，创造了双季稻产量的世界纪录。

第三节 863计划与中国基因工程药物生产

1982年夏，以侯云德为首的团队首次研制成功基因工程干扰素，使中国成为世界上少数能够克隆干扰素的国家之一。863计划启动时，侯云德被推选为生物技术领域首席科学家。在侯云德的领导下，863计划生物领域专家委员会先后成立了3个联合研究开发中心，选定乙型肝炎疫苗、干扰素以及白细胞介素-2作为首选目标产品，进行药物的研究、开发和中试生产。

在侯云德团队的不懈努力下，1989年，中国第一个拥有自主知识产权的基因工程药物——重组人α1b型干扰素上市。基因工程α1b型干扰素来自中国人自己的基因，更适合中国人使用。经临床使用表明，与国内外同类产品比较，重组人α1b型干扰素药物疗效显著、副作用低、不易产生中和抗体。1992年重组人α1b型干扰素获国家Ⅰ类新药证书，1996年4月4日批准正式生产。1998年，深圳科兴公司生产的"赛若金"——注射用基因工程干扰素α1b已占国内同类产品60%市场份额。

除重组人α1b型干扰素以外，在863计划的支持下，大批基因工程药物和疫苗相继上市，为提高人民生活水平和质量作出重要贡献。其中乙肝基因工程疫苗是我国科学家通力协作的重要成果，由我国科学家独立完成。1992年该药获得国家新药证书，1996年被批准正式生产。截至2000年年底，乙肝疫苗、白细胞介素、干扰素、红细胞生成素、粒细胞集落刺激因子等18种药物获准上市，累计销售额已达百亿元。"十五"期间，拥有自主知识产权的世界上第一个基因治疗制品——重组腺病毒-p53抗癌注射液完成了全部临床试验，于2003年10月16日获批进入试生产阶段。截至2012年年底，中国基因治疗药物研发已进入了世界先进行列；在全球范围内率先研制成功甲型H1N1流感疫苗，为中国乃至全球抗击甲流提供了及时有效的手段，流感药物应急生产和储备体系得到了全面完善；突破了人源化抗体制备技术、哺乳动物细胞大规模培养等一系列技术瓶颈，缩短了研发周期，提高了研制成功率；重组幽门螺杆菌疫苗的研制成功，对于根除胃溃疡、降低胃癌发病率具有重要意义。[1]

---

[1] 科技部：《着力改善民生 促进社会发展——国家高技术研究发展计划（863计划）25周年回顾之六》，2012年6月29日，中华人民共和国科学技术部网站。

第四节　启动中国人类基因组计划

自1987年开始，863计划就注意资助研究人类基因组的有关技术。1994年，中国人类基因组计划在国家自然基金委和863计划的支持下启动。1999年9月1日，在英国举行的第五届国际人类基因组战略研讨会，分配和确定了中国科学家承担国际"人类基因组计划"1%序列测定任务的区段。在863计划生物技术领域专家委员会和中科院的共同资助下，中国成为参与这一计划的唯一发展中国家，这项工作的成功完成使中国向21世纪生命科学与生物产业的建设迈出重要一步。"十五"期间，在863计划的支持下，中国又完成了10%的国际人类基因组单体型图计划任务，数据质量世界第一。

"人类基因组计划"被认为是20世纪最大的生物工程研究计划之一，该计划能够带动整个生命科学的发展，为21世纪的分子医学奠定基础。20世纪80年代，国际上一些科学家提出要对人类基因组进行测序。1986年，美国率先提出"人类基因组计划"，并在第二年列入国家预算。此后，德国、英国、法国、意大利、丹麦、巴西、日本、突尼斯、印度等国家纷纷响应。1988年，"人类基因组计划"在国际上形成，使这一计划成为国际性合作项目。

1990年10月,"人类基因组计划"正式列入美国国家重大项目,国会通过30亿美元的经费预算用于该项目的启动。"人类基因组计划"预计在15年内,将人体10万个基因的图谱全部描绘出来,旨在破译人类全部遗传基因和全部碱基排列次序,帮助人类找到治疗癌症、艾滋病等疾病的有效途径,使人类在分子水平上认识自我,保证人类的健康和生命安全。

1991年年底,美国人类遗传学专家和参与人类基因组项目的科学家联名呼吁,要求对人类遗传多样性进行世界范围内的调查与保护。在这样的背景下,吴旻等科学家在国内强调,人类的遗传多样性寓于世界各民族和各遗传隔离群之中,研究这种多样性是人类基因组项目的重要内容之一。1992年,吴旻向国家自然基金委递交中国"人类基因组计划"重大课题建议书。

1994年,在国家自然基金委和863计划的支持下,中国"人类基因组计划"正式启动。1996年,美国"人类基因组计划"第一阶段工作顺利完成。1996年11月,20多位中国科学家在北京香山针对中国的基因研究问题举行专门会议。经过讨论达成共识:中国科学家应立即参与到抢救基因的行列之中,把握这一难得的历史机遇。1997年11月,中国遗传学会青年委员会第一次会议在张家界召开。会上,杨焕民、汪健、于军等科学家力主中国参与"人类基因组计划"。

1998年，在中国科学院遗传所领导的支持下，中科院遗传所人类基因组中心成立，由杨焕民任主任。同年，"国家人类基因组南方研究中心"和"国家人类基因组北方研究中心"相继在上海和北京组建。1999年，杨焕民、汪健、于军3名科学家用自己的积蓄凑出200多万元，购买了一台"377"型测序仪和一台美国产毛细管测序仪。在科研院所、大专院校的支持下，招募100多位工作人员。中心引进了国外先进的软件系统，建立起完整的基因组测序组装系统、数据库查询系统。此后，中国开展了大规模基因组测序工作，在不到半年的时间内，递交了人类基因组序列70万个碱基的测序结果。

1999年6月，基于对国际上"人类基因组计划"竞争态势的深刻认识，杨焕民、汪健和于军提出"要做就做1%"的意见。科学家的意见得到了中科院领导和国家南、北方基因组中心的支持，进而得到了世界各国科学家的支持。中科院遗传所人类基因组中心向美国国立卫生院提出申请。7月8日，人类基因组计划网站公布了中国"1%"申请成功的消息。继美、英、法、德、日之后，中国成为人类基因组计划的第六个参与国。1999年9月1日，在伦敦举行的第五次人类基因组测序战略会议上，中科院遗传所人类基因组中心与世界各国科学家讨论战略，分析该领域面临的问题。9月9日，中国1%测序正式启动。中科院遗传所承担测序任务的55%，国家北方人类基因组中心承担20%，国家南方人类基因组中心承担25%。10月18日，863计划生物技术领域专家委员会决定和中国科学院共同资助支持该任务。

2000年4月，中国科学家宣布：在各方共同努力下，1%的测序任务基本完成。其中50%达到了完成图的标准，意味着中国科学家在世界上率先拿到了"工作框架图"。中国负责测定的1%，是3号染色体上的3000万个碱基对，是基因密集区段，蕴藏着较大的开发资源。1%不仅让中国在未来生物技术与产业领域拥有了话语权，而且促进了中国生物信息学、生物功能基因组和蛋白质等生命科学前沿领域的发展，同时也将为中国基因资源开发利用，为医药卫生、农业等生物高技术产业的发展开辟更为广阔的发展前景。[1]

---

[1] 参见李鸣生：《中国863》，山西教育出版社1997年版，第166—186页；李白薇：《基因组计划的中国记忆》，《中国科技奖励》，2015年第12期。

第四章　自动化技术领域

自动化是指机器设备、系统或生产、管理过程在没有人或较少人的直接参与下，按照人的要求，经过自动检测、信息处理、分析判断、操纵控制，实现预期目标的一种技术手段。863计划以自动化技术作为突破口，确定计算机集成制造系统（CIMS）和智能机器人两大主攻方向，以期为传统企业的改造和新型企业的建立提供支撑技术。随着863计划自动化领域研发工作的开展，中国CIMS技术实现了从无到有的跨越，逐步进入国际前列。1995年第八届全国人大三次会议将国家CIMS工程研究中心列为中国科技界的重大成就之一。机器人领域的研发工作同样取得了重大突破，中国成功研制了可涉足全球97%海域的6000米水下多金属探测系统，建成第一条自主开发的机器人装配线，使机器人技术成为高技术产业化的源头，直接为国民经济建设服务。

第一节　自动化技术研发取得突破

1987年2月，863计划自动化领域第一届专家委员会成立，中国科学院沈阳自动化研究所（中科院沈阳自动化研究所）蒋新松任首席科学家。自动化领域设两大主题：计算机综合制造系统（CIMS）（511主题）；智能机器人（512主题）。1987年7月，自动化领域511主题第一届专家组成立，清华大学自动化系任守榘任组长；512主题第一届专家委员会成立，中科院沈阳自动化研究所谈大龙任组长。

CIMS是英文Computer Integrated Manufacturing System的英文缩写，直译为计算机集成制造系统。CIMS是一种集市场分析、产品设计、加工制造、经营管理、售后服务于一体，借助于计算机的控制与信息处理功能，使企业运作的信息流、物质流、价值流和人力资源有机融合，实现产品快速更新、生产率大幅提高、质量稳定、资金有效利用、损耗降低、人员合理配置、市场快速反馈和良好服务的全新企业生产模式。20世纪80年代，CIMS的概念已被广泛接受，被看作制造业新一代自动化的模式。作为一种先进的企业生产模式，该主题研究与产业界有着紧密联系。

1989年4月，国务委员、国家科委主任宋健对CIMS主题作出批示：CIMS研究工作要同我国企业结合。1990年7月15日，CIMS主题专家组和自动化领域专家委员会决定：北京第一机床厂为CIMS半紧密型结合工厂。北京第一机床厂作为CIMS典型应用工厂，在863计划实施的前10年基本建成了管理信息系统、工程设计集成系统、制造自动化系统3个分系统，初步实现了信息集成，打造了一套"柔性制造系统"[①]。通过CIMS的实施，北京第一机床厂主导产品数控龙门镗床变形设计周期缩短，生产效率显著提高。1990年7月31日，国家科委基础研究高技术司正式批准选定成都飞机工业公司为CIMS重点应用工厂。此后，成都飞机工业公司全面开展CIMS的推广应用工作，完成了MRP-2（制造资源计划）在美国麦道飞机机头生产中的应用开发，大大缩短了装配周期。除此以外，沈阳鼓风机厂作为CIMS重点应用工厂，基本实现了主导产品的自动化设计过程，建立了覆盖全厂产品的生产管理信息系统，缩短了生产周期和供货周期。

1994年和1995年，设立在清华大学的国家CIMS工程研究中心和北京第一机床厂相继获得美国制造工程师学会颁发的国际制造业最高奖——"大学领先奖"和"工业领

---

① 柔性制造系统，指在计算机控制的数控机床或加工中心和成组技术相结合的基础上所形成的一种制造系统。简单地说，柔性生产线就是加工对象可变的自动线。

先奖"。1995年3月16日,北京市委在北京第一机床厂召开北京市CIMS推广应用试点企业工作会议,决定将推广应用CIMS的工作列为科技工作任务。4月,国家CIMS工程技术研究中心通过国家验收。该中心作为CIMS单元技术的集成基地,为CIMS产业的建立奠定了基础。进入21世纪,科技部在CIMS应用示范工程的基础之上,以企业为主体,推进制造业信息化工程,在全国各试点省、重点城市开展试点示范工作,取得了显著的经济和社会效益。在863计划的支持下,中国计算机集成制造系统(CIMS)技术从无到有,达到国际先进水平,形成了有中国特色的技术体系。

在CIMS主题研究工作取得成果的同时,自动化领域的另一主题——智能机器人研究也取得了重要突破。20世纪80年代,机器人技术发展步入第三代——智能型机器人。这种机器人带有多种传感器,可以进行复杂的逻辑推理、判断及决策,具有一定的学习功能,能够自主决定自身行为。在863计划的支持下,智能机器人主题专家组确定了研制机器人化机器,实现技术辐射的技术路线。中科院沈阳自动化研究所设立了国家智能机器人工程中心。经过多年研发,中科院沈阳自动化研究所、中科院声学所等单位研制的水下6000米多金属探测系统成功完成了在美国夏威夷的深水实验,这项成果的取得标志着中国深水机器人技术进入国际先进行列。

除水下机器人的研发外,1987—2000年,智能机器人主题专家组与多个公司合作完成了多种工程机械的机器人化,包括无人驾驶的振动式压路机、具有自动推平功能的推土机等,推动了我国工程机械的持续更新换代。特种机器人技术向精细操作空间延伸,在探测微小空间的小机器人研究方面有所突破,为机器人微小型化及应用探索出一条有效途径。实用型装配机器人产品研制成功,并完成小批量生产及应用。例如,中科院沈阳自动化所研制了遥控移动作业机器人,可用于核工业等有害环境,替代人工完成检查、搬运、维修和设备拆装等作业。在863计划的支持下,机器人技术发展成为高技术产业化的源头,为国民经济建设服务。智能机器人主题研究与一汽集团、熊猫集团、牡丹集团等国有大型企业签署了应用工程合作协议,开展能够形成产业的机器人化装配系统和工业机器人研制,这是特种机器人技术研发向国民经济主战场辐射的举措。[1]

进入21世纪后,863计划机器人研究又取得新进展。通过对仿人形机器人的研制,提高了我国机器人技术的系

---

[1] 参见《辉煌的历程——863计划大事记》,科学技术文献出版社2001年版,第49页;中华人民共和国科学技术部编:《中国高技术研究发展计划十五年》,科学出版社2001年版,第44—53页;《光辉的十年 863计划实施10周年成果巡礼》,中国科学技术出版社1996年版,第66—73页。

统集成能力和控制水平；开发了具有自主知识产权的超高压输电线路故障巡检机器人、绝缘瓷瓶带电清扫机器人、变电站故障巡检机器人与高压输电线路带电检修机器人等电力作业机器人，在电力系统中投入使用。医疗机器人在远程医疗中得到成功应用。遥操作辅助正骨医疗机器人系统研制出样机，并在基于X-Ray图像处理、导航及髓内钉远端锁定方法等方面取得实质性进展。

第二节 蒋新松与水下机器人研发

20世纪80年代，在总设计师蒋新松的指挥下，中国第一台潜深200米有缆遥控水下机器人"海人1号"研发成功，实现了我国水下机器人零的突破。1986年3月，在863计划的立项讨论阶段，先进机器人技术的研究与开发引起了计划起草小组的重视。4月，蒋新松受国家科委聘请，参加了863计划的制定工作。1986年，智能机器人正式被列为863计划自动化领域，研究目标是跟踪世界先进机器人技术发展水平，主要围绕特种机器人进行攻关。文件明确规定了智能机器人主题研究的战略目标：开发在恶劣环境下工作的移动机器人、水下无缆智能机器人和精密装配机器人。1987年2月，自动化领域专家委员会成立，蒋新松和吴澄（清华大学）任首席科学家。委员包括：

吴林（哈尔滨工业大学）、马颂德（中科院自动化研究所）、蒋厚宗（上海交通大学）、席裕庚（上海交通大学）。1987年7月，863计划成立了第一届智能机器人专家组，组长谈大龙（中国科学院沈阳自动化研究所），组员包括来自中科院合肥智能机械研究所、中科院自动化研究所、南开大学、清华大学、上海交通大学、哈尔滨工业大学的专家。在863计划的支持下，中国科学家开始在机器人技术领域开展有目标、有计划、有组织的研究工作。

为了制定好863自动化领域的战略目标，蒋新松等专家走访全国30多个单位，展开深度调研。调研从两个方面着手：其一，国外高技术的发展；其二，国内有关单位现状及人才。关于要研发什么自动化装置这一问题的研讨中，专家的意见存在争议：部分专家提出研发数控机床的建议，而以蒋新松为代表的专家认为数控系统研发与主战场重复，基于多传感器的多功能机器人不会与主战场重复，提出研发深度大于300米的水下机器人，以发挥机器人在海洋开发、救捞方面的优势。此后，蒋新松亲自担任总设计师，带领一批专家开展了1000米无缆水下机器人研发。

苏联解体前夕，蒋新松率团赴海参崴远东科学海洋问题研究所考察，并作了关于中国水下机器人研究的演讲。在听了蒋新松的演讲后，海洋问题研究所所长阿格耶夫提出了合作意向。蒋新松敏锐地意识到，"发达国家在机器人领域对我们的技术封锁很厉害，中国机器人研究要想短时间实现大跨越，这是我们所能抓住的绝好，甚至是唯一机会"。于是，蒋新松开始与苏联科学家起草水下机器人合作协议。蒋新松回国后，向中国科学院、国家科委和各部委领导详细汇报了去苏联考察的情况，反复宣讲研发水下机器人的意义，并谈了自己的构想与打算，希望上级机关支持这一项目；苏联解体后，蒋新松认为这对于中苏合作开发潜深6000米水下机器人正是良机：苏联解体，经济崩溃，国家处于困难时期，最重要的是资金；而进入发展时期的中国最需要的是技术。在这紧要时刻，蒋新松再次进京向国家科委与中科院领导陈情。通过蒋新松的努力，国家科委表态，支持蒋新松"勇于向世界领先水平挺进的壮举"，正式将6000米水下机器人项目列入863计划，投资1200万元。

在863计划机器人技术的研发中，全国20多家单位参与，通过5个总体组进行攻关。水下机器人的研发团队由中国船舶工业总公司、中国科学院、中科院沈阳自动化研究所、上海交通大学等单位组成总体组，总体组与用户及全国其他单位协作，组织150多名科技工作者共同工作10余年，这些单位相互协同配合，发挥自身优势。1993年，潜深1000米无缆水下机器人"探索者号"进入试验阶段。"探索者号"长4.4米,宽0.92米,高1.06米,总重量2吨,可用于水下摄影,测量地貌扫描,水声通信,传电视和声图,等等。1994年12月,"探索者号"经过实验室检测和海上试验,经鉴定其技术性能达到国家863计划合同要求,在整机主要技术性能和指标方面,达到了国际90年代同类水下机器人的先进水平。它的研制成功缩小了中国与发达国家在该领域的差距,标志着中国水下机器人技术正在走向成熟,将为国家探索和开发海洋资源作出重要贡献。该项目获得1998年国家科技进步奖一等奖。

1995年7月,潜深6000米水下机器人CR-01研制成功。机器人长4.37米,直径0.8米,重1.3吨,航速2.5节,可拍摄照片3000张,连续录像4小时,测扫地貌2米×350米,海底地层剖面厚度为50米,产值约每套1200万美元。机器人的独创技术有:无缆水下机器人水下对接技术、在恶劣情况下回收机器人技术、水下视觉跟踪技术、多CPV控制结构技术,以及多种声呐协同工作技术、单推桨技术、X型稳定翼技术等。这些独创技术不仅在自制水下机器人方面有着重要的应用价值,也将在海洋工程的其他领域发挥作用。

1995年7月21日,中俄共同研制的水下6000米机器人随我国海底测量队开赴夏威夷东南洋面进行深潜探测。在15万平方公里的洋面上,机器人对洋底矿藏等资源进行为期3个月的勘查、探测工作，成功拍摄到洋底影像与照片。6000米水下机器人的总体技术水平不仅超过了俄罗斯原6000米水下机器人，而且超过了法国的6000米水下机器人。它从1992年4月开始设计，到1995年9月完成深海试验考核，只用了3年多时间。它的研制成功，标志着中国机器人技术又上了一个新台阶，达到了90年代国际先进水平。它使中国成为世界上5个具备这种技术的国家之一，拥有了对世界97%海域详细探测的能力，在21世纪海洋开发中取得主动权。

1995年，蒋新松退居二线。离任前两三个月，他奔波各地，同不少单位签订机器人研制合同。1997年3月25日，蒋新松的生命进入倒计时。在生命的最后几日，他一如既往地投身他所热爱的科学事业。当晚，他连夜改写3月16日提交的《中国制造业面临的内外形势及对策研究》。3月26日，蒋新松按计划到自动化所，商讨有关机器人新控制器的设想。在听说6000米水下机器人课题组在开会，研讨海试的有关问题后，蒋新松来到会场。在被询问他近来的身体状况时，他回答道："活着干，死了算。"3月27—28日，蒋新松在东北大学参加863计划座谈会并作报告。3月29日上午，蒋新松准备乘车去鞍山参加鞍山"九五"计划的讨论会，因急性大面积心肌梗死住院抢救。3月30日，病情稍加好转的蒋新松和中科院沈阳自动化研究所领导商谈下一步863计划的几项工作。下午2点，蒋新松病情突然恶化，抢救无效离世。蒋新松离世后，他为科学献身求实的精神成为我国科技工作者的楷模。他逝世后，中组部、中宣部、科技部党组、中科院党组、中国工程院党组作出《关于号召全国科技工作者向蒋新松同志学习的决定》。1998年，沈阳市人民政府在铁西区劳动公园为蒋新松塑造了一尊铜像，以纪念这位为中国创新事业作出杰出贡献的科学家。

蒋新松离世后，由他提议改动完善的6000米水下机器人于1997年5月21日—6月27日又一次成功完成了太平洋海底探测。两次深海探测试验取得了海底锰结核分布的宝贵资料，圆满完成了太平洋海底的各项调查任务。表明经过高技术工程化改造的6000米无缆自治水下机器人性能可靠，实现了自治水下机器人从手工编程型向监控型的转变。该水下机器人是目前世界最先进的海底探测设备，也是其他海底探测设备所不能代替的，它为中国未来开发海洋资源提供了强有力的技术手段。[1]

---

[1] 本节内容参见，樊洪业：《中国科学院编年史》，上海科技教育出版社1999年版，第368、384—385页；徐光荣：《中国工程院院士传记：蒋新松传》，航空工业出版社、人民出版社2016年版，第278—306页；李鸣生：《中国863》，山西教育出版社1997年版，第200—203页；谈大龙主编：《迈向新世纪的中国机器人——国家863计划智能机器人主题回顾与展望》，辽宁科学技术出版社2001年版，第23—26页；等等。

第五章　信息技术领域

20世纪80年代，信息技术在世界范围内已成为主导性和战略性高技术。信息技术不但创造了巨大的物质财富，也引起了社会生产方式、生活方式乃至思维方式的变革。新中国成立以来，信息技术受到了国家重视。然而，20世纪80年代中国信息产业发展的水平明显存在不足，主要表现为依靠自有知识产权、具有国际竞争力的信息产业数量不多。在这样的背景下，863计划将信息技术领域作为重要领域，选择智能计算机系统技术、光电子技术、信息获取与处理技术和现代信息技术作为研究主题，旨在为中国民族信息产业的振兴提供技术基础。在863计划的支持下，信息技术领域取得丰硕成果，突破了一批产业核心技术，促进高新技术产业的发展，带动了传统产业的升级。

第一节　推动信息技术产业的发展

1987年2月，863计划信息技术领域专家委员会成立，首席科学家为清华大学电子工程系（原无线电电子学系）主任张克潜。信息技术领域下设4个主题：智能计算机系统（306主题），光电子器件与微电子、光电子系统集成技术（307主题），信息获取和处理技术（308主题），通信技术（317主题）。

随着改革开放以来中国通信事业的快速发展，中国公用通信网市话交换机数字化的比重已达到96%以上，长途运输数字化比重超过80%。然而，这些数字交换设备绝大多数是外国公司在中国制造的产品，品种繁杂，号称"七国八制"，制约了中国民族工业发展。为了改变现状，中国科技工作者成功研制数种国产大型数字程控交换机，占领了部分市场。863计划以智能网、高性能计算机等技术支持国产机的升级换代，完成了面向增值和出口业务的04E型机开发，着眼于未来宽带综合业务数字网的发展，重点部署了核心技术ATM（异步转移模式）交换技术研究。

光通信具有大容量、高速率、中继距离长、抗干扰等优点，与卫星通信、地面微波通信成三足鼎立之势。为了促进国家通信事业的发展，863计划以光通信为重点目标，部署了光电子器件及集成器件研究。1987—2000年，863计划开展了光纤通信关键技术和设备研究，研制了农村（县级）光纤通信示范网，2.4 Gb/sSDH（同步数字序列）高速光纤传输系统的样机，开发了155 Mb/s和622 Mb/s两个速率等级的SDHADM分叉复用设备及相应的网络管理系统，显著缩短了中国与国际先进水平的差距。进入21世纪后，光电子材料与器件主题研究不断取得新进展：全固态激光器产业化规模处于国际领先地位，一系列半导体照明光源产业化所需的关键技术进展显著，光电子器件集成初见成效，光通信用器件获新突破，光纤光栅等传感技术关键器件规模化成套生产技术攻克，光电子产业的某些新产业基础已经奠定。

信息网络是信息社会发展的基础。在863计划的持续支持下，中国在"九五"期间部署的核心路由交换技术和设备，填补了当时在互联网核心设备研制上的空白；"十五"期间，Tbps级的传输、路由和交换等核心技术的突破，以自主研制的网络设备搭建的国家网络试验床实现了大规模并发流媒体业务的示范应用，使我国宽带信息网络技术研究和应用达到了国际先进水平。"十一五"期间，我国开展高可信网络创新体制研究、新型节点设备验证和新业务应用示范，搭建跨区域、覆盖百万户的下一代网络与业务国家试验床，带动我国下一代广播电视网

（NGB）上海示范网的建设，实现了我国在信息网络技术研究和应用领域的跨越式发展。[1]

研究发展新的信息获取和处理手段，和平利用空间和地球资源，为国家自然灾害监测、资源调查和经济建设服务，是世界各国关注的重点方向之一。863计划选择对地和对空观测两大系统进行攻坚，成功在我国最大的2.15米天文望远镜上实现了全口径红外自适应校正，使该望远镜成为当时世界上少数几台具有实时大气湍流校正能力的大型望远镜之一；研制了航空遥感实时传输系统和实时成像处理器，在1994年、1995年的水灾监测中发挥了重要作用；建立了微组装工艺基地和超大规模集成电路设计实验室，为对地和对空观测系统装备的研究奠定了基础。[2]

第二节 "曙光"高性能计算机的研发

高性能计算机一般指信息处理能力为每秒可执行亿次以上指令的计算机，主要用于密集计算和海量数据处理，对于保护国防安全，推动产业发展，促进科学研究具有重

---

[1] 科技部：《面向产业，占领高端，提升创新能力——国家高技术研究发展计划（863计划）25周年回顾之四》，2012年6月25日，中华人民共和国科学技术部网站。

[2] 《中国高技术研究发展计划十五年》，科学出版社2001年版，第36—43页。

要推动作用。在世界范围内，为了获取信息技术优势，发达国家投入了大量资金和人力发展高性能计算机，以求占领世界高性能计算机竞争的战略制高点。20世纪80年代，中国高性能计算机严重落后于世界先进水平，而发达国家又向中国实施禁运，自主研发迫在眉睫。1986年，智能计算机作为一个主题项目被列入中国863计划。此后，中国高性能计算机研发路径经历了由"智能机"到"并行机"的转变。1993年，"曙光一号"计算机诞生。"曙光一号"的研制为中国开辟了一条在开放和市场竞争条件下发展高技术的新路。此后，在863计划的支持下，国产"曙光"系列计算机走上了产业化道路。

新中国计算机研发的历史

中国计算机事业的发展要追溯到20世纪50年代。1956年提出实施的4项紧急措施中，包括"发展计算技术、半导体技术、无线电电子学、自动化技术和远距离操纵技术的紧急措施"。1958年，中国最早研制成功的一台基于电子管的小型数字计算机103机研制成功；1959年，中国第一台大型通用电子计算机104机研制成功；1960年，我国第一台自行设计的小型通用电子计算机107机研制成功；1964年，中科院计算机所自主设计的中国第一台大型通用电子管计算机119机研发成功。这台计算机运算速度每秒5

万次，是当时世界上运算速度最快的电子管计算机；1965年，大型通用晶体管计算机109机研制成功，这台计算机在国防部门工作10多年，为中国国防安全作出重要贡献；1973年，中科院计算所成功研制出每秒100万次的集成电路计算机。1983年，国防科技大学成功研制"银河1号"巨型机，这是中国计算机事业发展的重要突破。然而，由于"银河1号"还不能大规模推广应用，中国计算机在运算速度上仍落后于国际先进水平。

20世纪80年代，随着中国各个科技和产业领域的发展，很多关键部门都迫切需要高性能计算机。然而，在巴黎统筹委员会协议框架下，西方在包括高性能计算机在内的高技术领域对中国实行封锁和禁运。20世纪80年代末至90年代初，曾有一个"玻璃房子"事件：当时，中国石油工业部物探局重金从美国采购一台大型机。美国政府提出条件，这套高性能计算机仅可用于石油勘探，不能用于其他用途。当这套计算机运到中国之后，被安装在一个透明玻璃机房里面，机房钥匙由美国工程师控制，只能在外国代表的监控下使用。事实上，中国所使用的高性能计算机全部依赖于进口，给中国经济发展和社会安全留下了隐患。为了掌握国民经济信息化的主动权，中国必须发展高性能计算机产业。

中国高性能计算机研发路径的转变

863计划高性能计算机研发路径的选择经历了由"智能机"转向"并行机"的关键性决策。

1982年，日本"新一代计算机技术研究所"（ICOT）成立，所长渊一博优选了40多位年龄不超过35岁的年轻人，决心掀起人工智能和新一代计算机技术的革命。"新一代计算机"的主要目标是突破计算机的"冯·诺伊曼瓶颈"，研制"知识信息处理系统（KIPS）"。当ICOT向世界公布"第五代计算机系统"10年研究计划后，在国际科技界产生重大反响。1985年，费根鲍姆撰写的《第五代——日本第五代电脑对世界的冲击》一书在世界范围内热销，该书中译本在中国的出版对于不少计算机领域中国科学家的思想产生了深刻影响，其中就包括国防科工委计算机专家汪成为。

1986年，世界各国对人工智能技术的发展持乐观态度，纷纷制定国家级发展人工智能技术的计划。在这样的背景下，中国专家将智能计算机作为一个主题项目列入中国863计划，第一届主题专家组组长为中科院计算技术研究所张祥。1989年10月，第二届主题专家组成立，汪成为被推选为专家组组长。

1988年12月，汪成为作为由国家科委和教委所组织的代表团成员之一,赴日本参加了第五代计算机系统国际会议,渊一博作大会主旨发言。汪成为敏锐感觉到,渊一博对"五代机"的定位和展望比此前的预期低了很多。会议邀请世界级权威专家西蒙在开幕式上作题为"对认知科学的展望"的报告。汪成为发现他似乎在回避一个敏感问题:能否按预期设想实现日本"五代机"的最终目标。于是,汪成为就此问题在会场向西蒙请教,西蒙回答:"总的来讲,对人工智能技术的进展,以往我过于乐观了。我知道中国也开始重视人工智能技术,建议你们很好地接受美国、欧洲、日本的经验教训。有些事不必重复地再做一遍了。"在东京大学田中英彦的联系下,中国代表团在会后访问了ICOT,并和渊一博进行了交谈。通过此次交流访问,汪成为得出结论:日本的"五代机"将培养出一批优秀的技术骨干,但许多关键技术尚处在探索和攻关阶段,离预定目标有较大距离。中国应虚心学习他们的经验,但不宜,也不可能走"五代机"的路。

1990年3月,国家智能计算机研究开发中心(简称"智能中心")成立,由中科院计算所李国杰任中心主任。智能中心成立后不久,李国杰率领智能中心代表团访问美国。代表团访问了美国斯坦福大学、加州大学伯克利分校、南加州大学、卡内基-梅隆大学和SUN、SGI、DEC、Mentor、Encore等公司。在访问卡内基-梅隆大学时,代表团拜访了图灵奖和诺贝尔经济学奖双奖得主司马贺。出于规划和部署智能中心研究工作的考虑，中国科学家向司马贺发问："人工智能领域未来10年取得重大突破可能在哪个方向？"得到的回答是"未来10年人工智能领域不会有什么重大突破，但可能有上千个小突破"。同年5月，专家组在北京饭店召开智能计算机发展战略国际研讨会，数百名国内外著名学者到会。参加会议的多数外国专家不赞成中国走"五代机"的路，建议根据中国国情，先研制工作站。

在反复研讨的基础上，中国科学家评估了中国现有信息基础设施的状况，预估了可能得到的经费额度，作出决定：不走日本"五代机"的路。就这样，智能中心否定了研发智能机的路线，改做通用机加智能应用的路线，选择以并行处理技术为基础的高性能计算机为主攻方向，采用商品化微处理器的发展思路，以共享存储多处理机为第一目标产品。1990年9月，科技部召开863计划信息领域战略目标汇报会，会议通过了专家组提出的《863-306的发展计划纲要》。至此，中国高性能计算机研发路径完成了由"智能机"到"并行机"的转变。

"曙光一号"计算机的研发

高性能计算机研制早期，中国科学家曾将正在研制的计算机称为"东方一号"。后来，在纪念863计划5周年的文艺演出节目中，"曙光"的字样触动了李国杰等科学家的心。他们认为在这一代人手里，中国的高技术应该呈现出灿烂的曙光，由此决定将智能中心研制的第一台高性能计算机称为"曙光一号"。1992年，863计划投入200万元，用于研制"曙光一号"高性能计算机。

国家智能计算机研究开发中心成立初期，组建团队是一项困难的工作。当时中心的员工大多数是刚毕业的硕士、博士，其中多数是计算机应用专业的毕业生，培训员工尽快学习如何设计计算机、掌握体系结构和操作系统是中心面临的紧迫任务。据中心主任李国杰回忆，当时的场景是这样的："智能中心的青年科研人员天天埋着头一行一行地读UNIX操作系统源程序。"智能中心举办一个理论研究小组，发起一个不定期讨论班，讨论计算机科学和人工智能前沿问题，各大高校对相关问题感兴趣的研究生纷纷聚集到智能中心参加讨论。1992—1993年，智能中心先后邀请了费根鲍姆、李凯等科学家来中科院计算所讲课，来自各高校的学生与中心员工共同听课，学术氛围十分活跃。

在高性能计算机的研发中，最大的困难是国内的研发环境和产业链条件跟不上。有时因缺少一个很小的零件或者一个软件，导致整体研发停顿半个月甚至几个月。考虑到多方面因素，智能中心决定选派6位年轻人组成一支"小分队"，到美国硅谷对该机进行封闭式开发。采取

"借树开花""借腹生子"的研发方式，大大缩短了机器研制的周期。经过11个月的"苦战"，研发人员终于在1993年2月携带初步调试的几块"曙光一号"主板回到国内。

1993年3月，国家智能计算机研究开发中心成功推出了中国第一台基于微处理芯片的对称式多处理机系统——"曙光一号"。"曙光一号"的性能超出中国前几年从国外进口的同类产品5倍，运算速度达到每秒6.4亿次，体积只有它们的1/5，可以广泛用于银行、保险、财会、税务、邮电、交通、政府部门等机构，进行大规模事务处理。同年10月，"曙光一号"通过国家技术鉴定。1994年第八届全国人大二次会议宣布，中国已有了自主开发的高性能计算机"曙光一号"。

"曙光"系列计算机的开发与产业化

继"曙光一号"后，"曙光1000"大规模并行计算机系统于1995年5月12日通过国家级鉴定，成为继"曙光一号"计算机以后，中国高性能计算机发展的又一个里程碑，代表当时国内研制计算机系统的最高水平，在整体上达到了90年代前期的国际先进水平，运行速度的峰值达到了每秒25亿次，实际运行速度达到了每秒15.8亿次。由于"曙光1000"并行计算机具有运算速度快、内存容量大、拓展性能好的特点，特别适合应用于解决大型科学工程技术难题,如天气预报、石油勘探、大分子结构分析、新材料设计以及新药物配方设计等。该成果获1997年国家科技进步奖一等奖。

"曙光一号"智能计算机研发成功后,就走上了实现产业化的道路。在李国杰看来,中国高性能计算机推向市场的困难主要来源于两个方面:其一,国外计算机竞争激烈;其二,国内对于国产计算机尚未达成共识。为将863项目成果更快转化为市场产品,在科技部、原信息产业部、中国科学院的大力推动下,以"曙光一号"的2000万元知识产权为基础,于1995年组建成立了曙光信息产业有限公司(简称曙光公司)。自此,依托于智能中心和曙光公司密切合作,"曙光"系列国产高性能通用计算机的研发不断向新的技术层次迈进(表5.1)。直至2012年10月,曙光公司已连续4年蝉联中国高性能计算机市场份额第一名,并首次成为全球高性能计算机营业收入TOP10的唯一一家中国企业。从神舟飞船的发射基地到非洲、南美的石油勘探公司,从国家信息安全部门到全国最大的证券交易所,都能看到曙光高性能服务器的身影。[1]

---

[1] 参见梅宏,钱跃良:《计算30年——国家863计划》,科学出版社2016年版,第3—24页;付向核:《曙光高性能计算机的创新历程与启示》,《工程研究——跨学科视野中的工程》,2009年第3期;樊洪业:《中国科学院编年史》,上海科技教育出版社1999年版,第306—317、373—374页;陈芳,董瑞丰:《巨变:中国科技70年的历史跨越》,人民出版社2020年版,第95—97页。

除高性能计算机的研发外，为了使计算机智能化程度更高，更加适应国内用户的需求，科学家在人工智能及其相关技术研发领域做了大量工作，特别是在面向中文信息处理的智能化人机接口方面形成了自身特色，某些技术处于国际领先水平，包括印刷体和手写体汉字识别、汉语语音识别、表格阅读、机器翻译等。例如，由中科院自动化研究所研制的"汉王99"可识别1.3万多个汉字，识别速度快，识别率高，在整体性能上处于国际领先水平，产品远销中国台湾、新加坡、马来西亚等地。进入21世纪后，光学字符识别和手写汉字识别进入产业化，并占据国内主要市场份额，语音技术开始大面积进入市场。此外，中国科学家还开发了一批智能化实用系统，包括面向多领域的决策支持系统、农业专家系统、地震预报专家系统等。以上述技术为基础，中国诞生了一批高技术企业，产品销往国内市场并出口海外。

表5.1 "曙光"系列计算机研发时间及性能

"曙光"系列计算机型号	研发完成时间	性能
曙光1000	1995年5月	每秒能运行25亿次，国外同类计算机只能解算6000个未知数的方程组，而"曙光1000"巨型机能求解15000个未知数的方程组
曙光2000-I	1998年6月	每秒能运行200亿次，支持主流操作系统和并行编制环境，具有单一映象特征，是面向科学工程计算的超级计算机

续表

"曙光"系列计算机型号	研发完成时间	性能
曙光2000-Ⅱ	1999年9月	由82个节点、164个处理器组成，每秒能运行1117亿次，内存高达50千兆字节
曙光3000	2001年6月	每秒能运行4032亿次，内存总量为168GB，磁盘总容量为3.63TB，由70个节点、280个处理器组成
曙光4000L-Ⅰ	2003年3月14日	整个系统由40个机柜、644个处理器组成，百万亿字节存储，每秒能运行3万亿次
曙光4000L-Ⅱ	2003年6月15日	该机由386个节点、772个处理器组成，每秒能运行4.2万亿次，应用于石油勘探领域的地震资料三维叠前深度偏移计算
曙光4000L-Ⅲ	2004年3月	每秒6.75万亿次，该系统由80个机柜、1300个处理器组成，4000G内存、600T存储的超级处理能力
曙光4000H		4000H是代表高密度专用机群（High-dense），曙光4000L是代表运行在IA架构下的Linux，曙光4000A是代表64位计算（Advanced），它们的体系结构，许多关键技术，机群操作系统等都是相同的
曙光4000A	2004年6月安置	每秒10万亿次"曙光4000A"巨型机，采用2192个主频2.4G的64位AMD Opteron处理器，由电脑芯片制造商美国高级微设备公司（AMD）制造，它的特点是首次实现了同时支持32位和64位计算，为此，"曙光4000A"既能兼容32位计算也能享受到64位计算带来的高性能，是一台面向"中国国家网格"的第二个主节点机

续表

"曙光"系列计算机型号	研发完成时间	性能
曙光5000A	2009年5月安置	采用最新的四核AMDBarcelona（主频1.9GHz）处理器，采用基于刀片架构的HPP体系架构，共有30720颗计算核心，122.88TB内存、700TB数据存储能力，采用低延迟的20Gb的网络互联，其设计浮点运算速度峰值为每秒230万亿次，Linpack测试速度预测将达到160T，效率大于70%
曙光6000	2010年12月	中国首台实测性能超千万亿次的超级计算机，其每秒系统峰值达3000万亿次，每秒实测Linpack值达1271万亿次，在世界TOP500榜中排名第二，超越欧洲和日本的同类产品。同时以每瓦能耗实测性能4.98亿次的成绩在当年的全球高性能计算机能效比排行榜中排名第四

第六章　先进能源技术

先进能源技术包括核能技术、太阳能技术、燃煤、磁流体发电技术、地热能技术、海洋能技术等。20世纪80年代，先进能源技术领域研究被纳入中国863计划，选择先进核反应堆技术和燃煤磁流体发电技术两大主题进行攻坚。其中先进核反应堆技术包括快中子增殖堆、高温气冷堆和聚变-裂变混合堆技术，研究目的是大幅度提高核燃料的利用率，提高核反应堆的安全性和经济性，同时跟踪国际核聚变技术的发展。研究燃煤磁流体发电技术的目的是大幅度提高热能转化效率，减少燃煤发电所带来的环境污染。值得注意的是，近年来中国在第四代核电技术研究中所取得的突破正是源于国家863计划对于核能技术研究的长远部署。进入21世纪，863先进能源技术领域在洁净煤技术、可再生能源、氢能、核能、分布式能源及节能、燃气轮机、二氧化碳减排等技术领域，针对国民经济发展中的重点能源问题进行部署，有力推动了中国先进能源产业的发展。

第一节　中国能源技术的布局与发展

能源作为人类生存和社会发展的公用性资源，是国家和地区经济社会发展的基本物质保障。纵观人类社会发展历史，人类文明的每一次重大进步都伴随着能源种类的更替。在过去的100多年里，发达国家先后完成了工业化，加速了地球化石能源的大量消耗。随着发展中国家步入工业化进程，全球能源消费总量进一步增加，化石能源紧缺已成为全球经济发展的制约因素。不仅如此，化石能源长期大量消费排放的温室气体蓄积在大气层中，造成温室效应，增加了极端气候发生的频度，威胁着人类社会的可持续发展。中国的能源资源虽较为丰富，但存在着结构不合理、分布不均衡、利用效率低、环境污染严重等问题，一定程度上制约了国民经济的发展。

1986年，中共中央、国务院批准了《"863"计划纲要》，根据计划，先进核反应堆技术主题研究的任务是，面向21世纪核能发展，从快中子增殖堆、高温气冷堆以及聚变-裂变混合堆3种堆型中，研究开发一种能大幅度提高燃料利用率，安全性与经济性好的堆型。工作阶段规划如下："七五"期间，开始论证、预研和单项技术研究，选择堆型；"八五"期间，开展关键技术研究并对装置进行工程设计；"九五"期间，建造实验装置。在这一规划的指导下，863计划先进能源技术领域的工作有序开展起来。

"七五"期间，863计划能源技术领域专家委员会组织了包括核能、煤炭、石油、电力、机械、水利等部门专家，进行深入的调查研究和论证，分别对3种堆型的战略地位作出科学评价：快中子增殖堆是我国较早实用的增殖堆，可大幅度提高核燃料的利用率，这对充分有效利用我国核资源有重大意义；高温气冷堆具有良好的固有安全性，在高温核热的应用方面有独特作用；聚变-裂变混合堆虽然技术难度大，但是有比快中子增殖堆更高的核燃料增殖能力，可为我国21世纪核能的更大发展提供燃料，同时促进我国的核聚变研究。经过系统论证，专家委员会认为，快中子增殖堆、高温气冷堆和聚变-裂变混合堆这3种堆各有特色，在中国未来核能发展体系中都占有相应的地位，将发挥不同作用。专家委员会建议：在2000年前，3种堆型应"有主有从，协调发展"，以快中子增殖堆为主，高温气冷堆和聚变-裂变混合堆为辅来安排计划，为21世纪我国核能的进一步发展提供技术基础和人才。除此以外，专家还指出：燃煤磁流体发电是将热能直接转换成电能的新型发电方式，可大幅提高热能的转换效率，节省煤炭资源，同时可减少燃煤发电的污染，建议把燃煤磁流体发电技术列入863计划，以解决煤的洁净发电问题。

"七五"期间，专家委员会提出2000年能源技术领域的目标蓝图：863计划能源技术领域优先安排实验快中子增殖堆的建设，力争在2005年建成；高温气冷堆的目标是在2000年建设一座小型高温气冷实验堆；聚变-裂变混合堆技术目标是在"八五"前期利用原有托卡马克装置做深入实验研究，并在此基础上，论证确定建造混合堆的堆芯模拟装置。燃煤磁流体发电技术的目标是建造小型试验性发电装置。1990年10月，国家科委就能源技术领域专家委员会编写的论证报告和发展目标蓝图征求国家教委、能源部、机电部、中国科学院和中国核工业总公司5个部门的意见。各部门研究后，复函国家科委，表示赞同。1991年9月，国家科委、国家教委、能源部、机电部、中国科学院和中国核工业总公司联合向国务院呈报《关于八六三计划能源领域2000年发展目标的请示》，国务院批准了863计划"先进核反应堆技术"和"燃煤磁流体发电技术"2000年的计划安排。至此，863计划能源技术领域的两大主题：先进核反应堆技术和燃煤磁流体发电技术主题研究被确定下来。

根据专家委员会制定的目标蓝图，863计划能源技术领域取得很大进展：实验快堆工程取得重大进展，成功建成了一座功率为10兆瓦的高温气冷实验堆（HTR-10），聚变-

裂变混合堆和燃煤磁流体发电技术研究取得了高水平成果。①"十五"期间，为了应对先进能源技术的新形势及潜在问题，863计划先进能源技术领域进行调整，设后续能源技术和洁净煤技术两大主题研究。

2006年，国务院发布《中长期纲要》，提出先进能源技术的发展思路是：（1）坚持节能优先，降低能耗。攻克主要耗能领域的节能关键技术，积极发展建筑节能技术，大力提高一次能源利用效率和终端用能效率。（2）推进能源结构多元化，增加能源供应。在提高油气开发利用及水电技术水平的同时，大力发展核能技术，形成核电系统技术自主开发能力。风能、太阳能、生物质能等可再生能源技术取得突破并实现规模化应用。（3）促进煤炭的清洁高效利用，降低环境污染。大力发展煤炭清洁、高效、安全开发和利用技术，并力争达到国际先进水平。（4）加强对能源装备引进技术的消化、吸收和再创新。攻克先进煤电、核电等重大装备制造核心技术。（5）提高能源区域优化配置的技术能力。重点开发安全可靠的先进电力输配技术，实现大容量、远距离、高效率的电力输配。②

结合落实《中长期纲要》的战略发展方向，863计划又

---

① 赵仁恺，阮可强，石定寰：《八六三计划能源技术领域研究工作进展（1986—2000）》，原子能出版社2001年版。
② 《中共中央国务院关于实施科技规划纲要 增强自主创新能力的决定》，人民出版社2006年版，第30—31页。

对先进能源技术的发展作出安排。"十一五"期间，863计划组织实施了若干重大、重点项目及专题，其中包括"快中子实验堆""兆瓦级并网光伏电站系统""太阳能热发电技术及系统示范"等重大项目，"氢能与燃料电池技术""高效节能与发布式供能技术""洁净煤技术""可再生能源技术"4个专题研究，力争在能源技术领域增强自主创新能力，提高能源重点方向的高技术产业发展水平，增强中国在能源技术领域的核心竞争力。[1]

第二节　863计划先进核反应堆技术与核能发电[2]

原子核反应堆是以铀或钚作核燃料，可控制地进行链式裂变反应，并持续不断地将裂变能带出做功的一种特殊装置。如果原子能反应堆裂变释放的核能被转变为电能，

---

[1] 国家高技术研究发展计划（十一五863计划）先进能源技术领域专家组：《中国先进能源技术发展概论》，中国石化出版社2010年版，第23页。

[2] 本节内容参见，赵仁恺，阮可强，石定寰：《八六三计划能源技术领域研究工作进展（1986—2000）》，原子能出版社2001年版，第22、31—39、158—167、209—213页；国家高技术研究发展计划（十一五863计划）先进能源技术领域专家组：《中国先进能源技术发展概论》，中国石化出版社2010年版，第208—218页；中国科学院能源领域战略研究组：《中国至2050年能源科技发展路线图》，科学出版社2009年版，第95—96页；欧阳予：《核反应堆与核能发电》，河北教育出版社2003年版，第1—5页；《当代中国》丛书编辑部：《当代中国的核工业》，中国社会科学出版社1981年版，第86—88页。

人们则把实现这种能量转变的系统称为核电站。1942年，以恩里科·费米为首的科学家在美国建成了世界第一座人工核反应堆，实现了可控、自持的铀核裂变链式反应。20世纪50年代，世界各国在抓紧核军备竞赛的同时，相继开始建造核电站。1954年，苏联建成世界第一座电功率为5兆瓦的实验性核电站。1957年，美国建成电功率为90兆瓦的希平港原型核电站。上述实验性和原型核电机组称之为第一代核电机组；20世纪60年代后期和70年代，在试验性和原型核电机组的基础上，世界各地陆续建成电功率在300兆瓦以上的压水堆、沸水堆、重水堆等核电机组。目前世界上商业运行的核电机组中绝大部分是在这一时期建成的，称为第二代核电机组；90年代，为解决三哩岛和切尔诺贝利核电站严重事故的负面影响，美国和欧洲先后出台《先进轻水堆用户要求》文件和《欧洲用户对轻水堆核电站的要求》。国际上通常把满足这两份文件之一的核电机组称为第三代核电机组；第四代核电机组是一种具有更好安全性、更强竞争力，核废物量少，可有效防止核扩散的先进核能系统，代表了核能系统的发展趋势和技术前沿。

中国核电技术的起步

20世纪五六十年代，新中国发展核科学技术主要服务于以"两弹"为核心的国防尖端武器研发。在军事应用的带动下，中国在较短时间内掌握了核科学技术，建立起一套比较完整的核工业体系，为进一步开发利用核能奠定了一定基础。值得注意的是，早在20世纪50年代，新中国核反应堆的建设已经开展起来。1957年，根据中苏两国政府间协议，由苏联援助中国建设酒泉原子能联合企业。其中的军用钚生产堆在设计时是生产和发电的两用堆。但由于各方面条件的变化，这个堆的发电部分并没有建起来。1958年，在苏联援助下，一座热功率为7兆瓦的重水反应堆和一台2兆电子伏的回旋加速器在北京房山建成。1966年，在决定研制核潜艇动力堆的同时，上海提出准备建一座热功率为1万瓦的实验性核动力反应堆，但受国内政治环境影响，这一计划未能实现。

1970年，周恩来3次提出要搞核电建设的问题。2月8日，周恩来提出在国内要搞核电站，要靠发展核电解决上海用电问题。据此，确定有关部门实施"七二八"工程。7月，周恩来主持中央专委会会议，听取核潜艇核动力陆上模式堆运行试验准备工作情况汇报，并指出，这次试验，是我们开发利用核动力的起点，也是奠定核电站建设的基础。11月，周恩来主持召开中央专委会会议，听取上海市"七二八"工程研制情况汇报。他指出，二机部不能只是"爆炸部"，除了搞核弹外，还要搞核电站；我国发展核电站的方针是：安全、适用、经济、自力更生。1973

年2月，上海市和二机部联合向国务院提出了建设30万千瓦压水堆核电站的方案。1974年3月31日，周恩来主持中央专委会会议，研究核电站的建设问题，并正式通过了建设30万千瓦压水堆核电站的方案。此后，一系列技术研究和开发工作开展起来，为建设核电站做准备。

1978年12月，中共中央召开十一届三中全会，提出把全党全国工作重点转移到社会主义现代化建设上来。随着工作重点的转移，中国核工业建设作出重大调整，从过去主要为军用服务，转变为军民结合，保军转民，重点为国民经济服务。核工业转民主要内容应为国家发展核电服务。十一届三中全会召开后，国务院于1981年11月14日正式批准国家计委、国家建委、国防科工委、国家机械委、国家科委、二机部《关于请示批准建设300兆瓦核电站的报告》，确定工程上马。1982年11月，又批准这一工程建在浙江省海盐县的秦山，正式命名为秦山核电厂。在秦山核电站建设的同时，为了加快中国核电建设，促进香港和广东地区的经济发展，国务院于1982年年底正式批准广东省电力公司与香港中华电力公司合营，采用进口成套设备，在广东深圳大亚湾建设一座装机容量为2×900兆瓦的核电站。大亚湾核电站按照"以我为主、中外合作共赢"的原则，以法国格拉夫林核电站作为参考电站，由法国法马通公司和英国通用电气公司分别成套供应核岛和常规岛，派遣科学技术人员赴法国接受培训，力求在引进的基础上消化、吸收，实现核电技术的高起点起步。

正当大亚湾核电站建设启动之时，1986年4月26日，苏联切尔诺贝利核电站发生事故，核电安全问题引起了国内外极大关注，也使得建设更为安全的核反应堆成为未来核能利用的主要方向。1986年，863计划启动，先进核反应堆技术作为一大主题研究被纳入先进能源技术领域。

863计划先进核反应堆技术的研发

863计划主要面向21世纪，对于中国核技术的长远发展进行部署。经过研究讨论，实验快中子增殖堆、高温气冷堆和聚变-裂变混合堆技术得到了863计划的支持，对中国核电的发展产生了深远影响。

（1）快中子反应堆。快中子反应堆是由平均能量达0.1兆电子伏左右的快中子产生的裂变链式反应，简称快堆。在世界范围内，快堆自20世纪40年代开始在美国、苏联开始建设并发展起来。40年代，美国核物理学家提出建造快中子堆的可能性，1946年和1951年美国相继建成两个快堆；苏联科学家1949年提出快堆的概念，1955年和1956年苏联相继建成两个快堆；英国在50年代建成两座实验快堆。接着，美国又于1963年、1964年建成两座快堆。上述快堆属于第一代实验快堆。20世纪60年代以后，实验快堆研究追求商用、增殖，因而发展出氧化物堆芯，并用钠冷却，具有这一特征的实验快堆被称为第二代实验快堆。60—80年代，法国、苏联、德国、日本、印度等国家相继建成第二代快堆。

中国快堆技术的发展要追溯到20世纪60年代。在二机部的领导下，北京194所组织了约50人的科研队伍，开展了快堆中子学基础研究，并建设钠综合实验室。在政府支持下，科学家建成了一座快中子零功率装置，该装置于1970年6月29日首次临界，这些工作为中国快堆的发展奠定了重要基础。20世纪80年代，快中子实验堆项目被正式纳入国家863计划，其目标为：建造中国实验快堆，开展快堆工程技术专题研究，进入工程技术研究阶段。中国核工业总公司集中快堆技术人员于中国原子能科学研究院执行该计划。为了推进快堆工程技术，政府专拨2700万元，建设了约1800平方米的快堆研究中心。1988—1993年，以原子能院为主持单位，与西安交大、清华大学、核工业一院、核工业404厂、上海交大、湖南大学、钢铁研究总院、郑州机械研究所等单位合作，开展中国快堆技术开发的应用基础研究。

根据1992年3月国务院批准的863计划，快堆项目要建成一座热功率65兆瓦，实验发电约20兆瓦的中国实验快堆（CEFR）。1993年以后，快堆研究转向中国实验快堆工程，开始为中国实验快堆的设计建造服务。在CEFR的技术设计中，中国与俄罗斯开展技术合作。1996年11月，CEFR批准立项。CEFR采取"以我为主、与俄合作"的技术路线。2000年5月，中国实验快堆开工建设。2011年7月21日，我国第一个由快中子引起核裂变反应的中国实验快堆成功实现并网发电，标志着中国成为继美、英、法等国之后，世界上第八个拥有快堆技术的国家，这是中国在第四代先进核能系统技术上取得的突破。

（2）高温气冷堆。高温气冷堆是在以天然铀为燃料、石墨为慢化剂、二氧化碳为冷却剂的低温气冷堆的基础上发展起来的先进核反应堆。作为第四代先进核电技术的代表堆型之一，高温气冷堆具有安全性好、发电效率高、经济性高、环境适应性强等特点，具有广阔的应用前景。中国高温气冷堆技术的研发工作始于20世纪70年代中期，承担该项目的主要单位是清华大学核能技术研究设计院。从20世纪70年代中期，科学家就开展了高温气冷堆的设计和实验研究。80年代，中国参与国际科技合作，与德国于利希研究中心合作进行模块式高温气冷堆的设计和安全研究。在此期间，高温气冷堆项目得到了国家科委的支持，被列入国家"六五"科技攻关项目。此外，中国科学家在采油、炼油、化工、煤炭等多种工业部门开展调研工作，提出高温气冷堆在中国应用的工业领域。

863计划启动后，高温气冷堆作为先进核反应堆之一被列为能源技术领域的一个专题。"七五"期间，高温气冷堆专题下设8个课题，包括：高温气冷堆设计研究，高温气冷堆燃料元件研究，高温气冷堆钍-铀循环燃料后处理研究，高温气冷堆石墨堆体性能研究，高温气冷堆氦技术及氦关键设备研究，高温气冷堆压力容器研究，高温气冷堆球床流动特性和燃烧装卸系统技术研究，高温气冷堆结构材料使用性能研究。以上8个研究课题中，有6个由清华大学核能技术设计研究院主要承担。"七五"期间，863计划完成10兆瓦高温气冷堆实验堆的概念设计，为10兆瓦高温气冷堆进行初步设计准备了条件。

1991年9月16日，国家科委、国家教委、能源部、机电部、中科院和中国核工业总公司联合向国务院呈报了《关于八六三计划能源领域2000年发展目标的请示》，确定了2000年在清华大学核能技术设计研究院建成一座热功率为10兆瓦兼发电约2兆瓦的高温气冷实验堆的目标。1992年3月，国务院批准10兆瓦高温气冷实验堆在清华大学核能技术设计研究院建造。此后，高温气冷堆的发展由实验研究转为工程实施阶段。1995年，高温气冷堆正式开工建造。2000年12月，高温气冷实验堆首次达到临界并投入运行。

利用10兆瓦高温气冷实验堆的研究和开发基础，

"十五"期间在国家攻关计划中安排了100兆瓦高温气冷堆原型电站关键技术攻关。2004年,中国华能集团公司、中国核工业建设集团公司、清华大学共同签署《关于共同合作建设高温气冷堆核电示范工程投资协议》,将建造200兆瓦高温气冷堆商用示范核电站。2008年中国决定在此基础上于山东荣成建设200兆瓦的示范核电站。2021年12月20日,山东石岛湾高温气冷堆核电站示范工程首次并网发电,这是全世界首个并网发电的第四代高温气冷堆核电工程。

(3)聚变-裂变混合堆。聚变-裂变混合堆是一种可控的聚变反应与裂变反应相互耦合放能的反应堆。太阳能量来自轻核聚变反应,聚变能源的开发和利用是人类科技史上的重大挑战。通常而言,实现受控核聚变有两种途径:磁约束核聚变和惯性约束核聚变。世界范围内,磁约束核聚变研究始于20世纪50年代。最初,仅有少数几个核大国进行秘密研究,50年代末技术解密后,很多国家于60年代后参与研究。同时,随着60年代以来激光技术的发展,惯性约束核聚变途径也在不断探索中。80年代以来,国际磁约束受控核聚变研究取得显著进展,一批大型托卡马克装置相继建成并投入使用。尽管如此,从"聚变研究"到"聚变经济",实现聚变能的实际应用,还需要一段相当长的发展时间。聚变-裂变混合堆作为聚变能源的一种中间应用，有助于推动聚变能源的开发。

在世界范围内，美国劳伦斯·利弗莫尔实验室的鲍威尔于1953年提出建立聚变-裂变混合堆的建议。国际上对混合堆的系统研究始于20世纪60年代，但由于当时认为受控聚变研究困难尚多，混合堆研究被搁置起来。随着受控聚变研究的进展，混合堆研究在70年代后期又重新受到重视。80年代后，美国基于国内能源的供需情况，在核能和平利用的开发领域不支持混合堆的研究。而中国、俄罗斯、印度等国家基于各自的核资源和核能政策情况，坚持在该领域开展研究。

20世纪70年代末80年代初，中国开始在托卡马克装置上进行重点研究，中国第一台最大受控核聚变实验装置——中国环流器一号（HL-1）于1984年建成并投入实验。20世纪80年代，聚变-裂变混合堆被列入中国863计划。在该计划的支持下，中国科学家开展混合堆设计等研究工作。1990年开始，混合堆专题着手利用聚变中子处理核废料和聚变驱动的放射性洁净核能系统的研究，为聚变技术在我国的早期应用开辟了新途径。1993年开始，中国对HL-1进行了技术改进，与此同时，中国科学院合肥等离子体物理研究所将苏联的托卡马克装置T-7改建成可以进行实验研究的超导磁铁托卡马克装置（HT-7）。在利用国内大型核设施的同时，中国建造了一批中小型的设备，完成了一批高水平研究工作，制备了多种聚变堆用材料，进行了辐照等各种试验，研制了一批等离子体关键技术系统。

经过多年研究，我国逐步形成一支有丰富研究经验、得到国际聚变界认可的研究队伍。混合堆课题积极开展广泛的国际交流和合作，先后邀请美国、日本、俄罗斯、德国的知名专家、学者参加混合堆研究，与美、日、俄建立了长期合作关系，为中国先进能源技术领域未来的发展奠定了重要的基础。

值得注意的是，先进核反应堆是一个系统工程，涉及建筑、建材、机械、冶金、电子、仪器、仪表等多个部门，需要这些部门的积极支持与配合。同时，它能够带动这些部门及产业的更新换代，培养未来一系列高技术生长点，提高中国整体实力与国际竞争力。工程实施过程中，中国一直强调自主知识产权和国产化，力求做到自主设计、自主建造、自主建设、自主营运，为今后实现产业化打下良好基础。不仅如此，在863计划先进核反应堆建设中，培养了一批工程设计、建造和管理人才，造就了一批既有理论水平，又有实践经验的青年核科技骨干力量。特别是清华大学核能技术设计研究院利用高校优势，培养了一支青年人才队伍，为中国核科学技术未来发展奠定了重要基础。

第七章　新材料技术领域

中国新材料产业的发展主要由政府推动。20世纪六七十年代，中国研发新材料主要满足国防军工需求；80年代，开发新材料主要面向国防、航空航天的需要；90年代以后，随着汽车工业、家电工业、信息产业在国民经济中的地位越来越重要，新材料的发展开始面向民用市场，中国的新材料产业逐渐形成。80年代以来，政府在各项国家计划中对新材料技术给予了重点支持，主要通过国家自然科学基金、973计划、863计划、攻关计划、支撑计划等支持新材料领域的研发。经过几代科学家的努力，中国在人工晶体、超级钢、碳纳米管、金属间化合物、功能陶瓷、超导材料等领域进入国际先进行列。中国材料领域已初步建立起完备的科技创新体系与产业发展体系，成为名副其实的世界材料大国，为支撑、引领中国国民经济与社会健康快速发展作出了重要贡献。[1]

第一节　新材料技术的研发与突破

自863计划实施以来，新材料技术就是该计划重点支持的研究领域之一。1987年2月，863计划新材料领域第一届专家委员会成立。1987—2000年，新材料技术领域设一个主题：新技术新材料和现代科学技术；2001—2005年，新材料技术领域设三个主题：光电子材料及器件、特种功能材料技术、高性能结构材料技术；2006年以后，863计划只设领域、不设主题，所设领域中包括"新材料技术"。在863计划的长期支持下，中国在人工晶体、先进陶瓷等领域的研究处于国际先进行列。纳米技术、金属间化合物材料、金刚石薄膜、新型储能材料、电子陶瓷材料、光电子材料等领域的研究为国民经济及国防建设提供了关键技术。镍氢电池、高性能片式电子元件、高档钕铁硼稀土永磁材料等新材料的研发得到工业应用，产生了显著经济效益。863计划新材料技术领域的部分代表性成果如下：

---

[1] 中国科学院先进材料领域战略研究组编：《中国至2050年先进材料科技发展路线图》，科学出版社2009年版，第26页；王琦安：《十年磨剑终成锋》，科技部863计划新材料领域办公室2008年版，第1—5页。

（1）人工晶体研究。早在20世纪50年代，中国就开始部署人工晶体研究。在863计划的支持下，中国在该领域取得不少成果。例如，电子部第十一所成功研制了用于优质大尺寸人工晶体生长的自动化单晶炉，并研制成各类YAG晶体。清华大学研制激光基座法晶纤生长炉，拉制了多种单晶光纤。非线性光学晶体和以非线性光学晶体为基础材料的全固态激光器，在信息、先进制造、医疗、环境、科研和国防等领域有广泛应用前景。到2012年6月底为止，中国是国际上唯一掌握KBBF晶体生长技术并拥有相关器件专利的国家。在开发利用方面，中国走在世界前列，2002年9月12日，我国首次实现DPL（激光二极管泵浦激光器）白光配比和激光全色显示原理实验。2003年，我国首次实现60英寸前投式激光家庭影院原理性演示。2008年，我国研制出具有自主知识产权的高亮度激光投影产品，并成功在数字影院和北京奥运会上获得商业应用。[①]

（2）复合材料研究。863计划新材料领域在先进树脂基复合材料、金属基复合材料等方面的研究取得进展，支撑起国防建设和支柱产业的发展。例如，哈尔滨玻璃钢研究所生产出玻璃钢变轨固体发动机壳体，用于1995年发射

[①] 科技部：《面向前沿，前瞻布局，抢占技术制高点——国家高技术研究发展计划（863计划）25周年回顾之三》，2012年6月21日，中华人民共和国科学技术部网站。

的"亚洲2号"通信卫星的"长征二号"捆绑式火箭；北京航空材料研究所精铸的钛合金及铝基复合材料高尔夫球杆杆头批量出口海外；等等。

（3）镍氢电池研究。被称作"绿色能源"的镍氢电池具有容量大、寿命长、无污染等特点。在863计划的带动下，中国的镍氢电池研究取得重大突破，形成了规模生产能力，并在广东中山市组建国家储能材料工程研究中心。

（4）新型功能材料研究。精密陶瓷、金刚石薄膜、铁电薄膜、活性生物材料等新型功能材料的研究开发取得重大进展，并进入市场化生产。例如，由清华大学、电子部715厂和广东肇庆风华电子厂研究和开发的MLC（高性能低温烧结多层陶瓷电容器）广泛应用于计算机、通信、航天设备和消费类电子产品中。

（5）新金属材料研究。金属间化合物、快凝铝合金等新金属材料的研究开发取得突破，多种合金性能达到国际先进水平，并在应用上取得良好效益。例如，北京钢铁研究总院研制的Ti3Al合金已用于"长3甲"火箭发动机涡轮壳体组件，该合金具有优异的耐高温性能和良好的抗氧化性能，密度低，弹性模量高，达到国际先进水平。

（6）特种材料制备技术研究。材料表面改性、自蔓延合成等特种材料制备技术研究取得突破性进展，部分成果形成产业。例如，太原工业大学首创的双层辉光电子渗金属锯条，韧性和刚性指标优良；北京师范大学研制的MEVVA源注入机（新型强流金属离子注入机）达到国际先进水平。①

（7）高性能纤维。高性能纤维是一类与国民经济和国防安全密切相关的战略性关键材料。经过"十五""十一五"863计划的支持，中国突破了高性能碳纤维制备关键技术，开发了间位/对位芳纶工程化制备技术和超高分子量聚乙烯纤维工业化技术，初步构筑了高效的运行体系和机制。在863计划的支持下，中国形成了碳纤维关键技术和工程化能力、对位芳纶拥有工业规模化制备能力，超高分子量聚乙烯纤维和间位芳纶具备国际市场竞争力。

值得注意的是，纳米材料和超导材料是世界材料科技领域关注的重点，也是中国材料科技取得突出成就的方向。在以下两节中，我们将着重介绍863计划在这两个领域中所发挥的作用。

第二节 863计划与纳米科技发展

最早提出纳米尺度上科学和技术问题的是著名物理学

---

① 《光辉的十年 863计划实施10周年成果巡礼》，中国科学技术出版社1996年版，第84—95页；王琦安：《十年磨剑终成锋》，科技部863计划新材料领域办公室2008年版，第37—38、299—300、305—307、316—317页。

家理查德·费曼（Richard Feynman）。1959年，费曼在演讲中推测在原子级别上操纵物质的可能性。1974年，日本科学家谷口纪男（Norio Taniguchi）发明"纳米技术"一词，用于描述分子器件。1981年，格尔德·宾尼希（Gerd Binnig）和海因里希·罗雷尔（Heinrich Rohrer）发明了纳米科技研究的重要仪器——扫描隧道显微镜（STM），并与设计出世界第一架电子显微镜的恩斯特·鲁斯卡（Ernst Ruska）共同获得1986年度诺贝尔物理学奖。1985年，史莫利（Richard E. Smalley）发现了由60个碳原子排列而成的足球状C60富勒烯分子，直径为1纳米。1989年，美国国际商用机器公司（IBM）的研究人员用单个氙原子写下公司名字缩写"IBM"，首次实现了对单个原子的操纵。20世纪80年代末90年代初以来，纳米科技在世界范围内得到迅速发展，纳米尺度上的多学科交叉展现了巨大的生命力，迅速发展成为一个有广泛学科内容和潜在应用前景的研究领域。中国纳米科技研究从20世纪80年代起步，与国际科技发达国家基本同步。①

---

① 鲍久圣主编：《纳米科技导论》，化学工业出版社2020年版，第2—4、6、41页；白春礼：《中国科技的创造与进步》，外文出版社2018年版，第147页；中国科学院纳米科技领域战略研究组：《中国至2050年纳米科技发展路线图》，科学出版社2011年版，第17—19页。

中国纳米科技的发展

早在世界纳米科技发展初期，中国就已经关注并推动该领域研究。20世纪80年代至2000年前，中国已有不少于50所高校和20个中科院研究所开展了纳米科技领域的研究工作，相关研究工作主要在有关项目的资助下进行。20世纪80年代中期开始，中科院和国家自然基金委即开始支持扫描探针显微镜（SPM）的研制及其在纳米尺度上科学问题的研究（1987—1995年）。1990—1999年，国家科委通过"攀登计划"项目，连续10年支持纳米材料专项研究。在这样的背景下，中科院物理研究所对于碳纳米管研究在20世纪90年代取得突破。物理所谢思深领导的研究小组对碳纳米管的生长基底和生长工艺进行改进，成功控制碳纳米管的生产模式，实现了催化剂颗粒集中在碳纳米管顶部的顶端生长方式，并大批量制备出长度为2—3毫米的超长定向碳纳米管阵列，首次将碳纳米管的长度提高到毫米量级。中国物理学家关于超长碳纳米管的研究成果在1998年英国《自然》杂志第394卷发表后，引起了国际科技界的关注。[①]

超长碳纳米管的制备成功对于这种新型材料的大量生

[①] 樊洪业：《中国科学院编年史：1949～1999》，上海科技教育出版社1999年版，第394页。

产应用具有重要意义，因此，中国对纳米材料的研究给予了高度重视。1999年，科技部启动973计划——"纳米材料与纳米结构"，继续支持碳纳米管等纳米材料的基础研究。863项目也设立了纳米技术有关项目。继中科院物理所的研究团队在超长碳纳米管的制备中取得成果后，世界上最细的碳纳米管也在2000年制造出来。先是物理所合成出直径为0.5纳米的碳管，接着香港科技大学物理系利用沸石作模板制备了最细的0.4纳米单壁碳纳米管阵列，随后中国科学家彭练矛研究员在单壁碳纳米管的电子显微镜研究中发现，在电子束的轰击下，能够生长出直径为0.33纳米的碳纳米管。除碳纳米管的制备外，中国在纳米材料研究中还取得了诸多成果。据统计，1990—2005年，中国已成为发表纳米科技论文增长最多的国家。1998年之后，中国高影响力的纳米科技论文占世界相应论文总量的份额增加一倍，与日本等发达国家并驾齐驱。

进入21世纪，世界各国政府都已认识到纳米科技的发展将成为经济增长的新动力，并制定了发展纳米科技的国家战略。美国、欧盟、日本、韩国等相继投入巨资支持纳米科技的发展。2000年，美国国会通过了《国家纳米计划》（NNI），到2009年其投入已经翻倍，达到15亿美元。欧盟《第七框架计划（2007—2013年）》将"纳米科学，纳米技术，材料与新的生产技术"作为优先发展领域，对纳米技术、材料和工艺的研发投入达48.65亿欧元。发展中国家同样认识到纳米科技给社会经济带来的影响，出台发展战略，加大科研投入，追赶全球纳米科技发展步伐。2000年以后，中国政府开始对纳米科技研究进行顶层设计和全面布局，国家层面的纳米科技创新系统在这一时期形成。

2001年，中国成立国家纳米科技指导协调委员会，同年7月，科技部、国家发改委、教育部、中科院、国家自然基金委5部委联合印发《国家纳米科技发展纲要（2001—2021）》，对纳米科技做了顶层设计。"十五"期间，科技部对三大科技计划和其他相关研究计划进行全面部署。973计划对纳米材料与纳米结构、纳米电子学、纳米器件和纳米表征等方面进行重点部署，安排了10多个重大专项；863计划设立有关专项，对纳米材料及纳米器件研发进行部署；科技攻关计划安排了"纳米材料技术及应用开发"专项。2002年，国家自然基金委启动"纳米科技基础研究"重大研究计划。此外，中科院等部门实施了纳米科技研究专项。2001—2005年，中央财政在纳米科技领域共投入经费约11亿元人民币。

2006年，国务院发布《中长期纲要》，将"纳米研究"列入基础研究4个重大科学研究计划之一，认为纳米科技是中国"有望实现跨越式发展的领域之一"，明确将在未来15年内加强支持，显著提升我国国际竞争力。重点研究纳米材料的可控制备、自组装和功能化，纳米材料的结构、优异特性及其调控机制，纳米加工与集成原理，概念性和原理性纳米器件，纳米电子学，纳米生物学和纳米医学，分子聚集体和生物分子的光、电、磁学性质及信息传递，单分子行为与操纵，分子机器的设计组装与调控，纳米尺度表征与度量学，纳米材料和纳米技术在能源、环境、信息、医药等领域的应用。[①]"十一五"时期，科技部围绕《中长期纲要》，设立了纳米科技的旗帜性研究计划——"纳米研究"重大研究计划。2006—2009年，"纳米研究"重大科学研究计划共支持纳米材料、器件、生物与医学、能源与环境等43项，投入经费约15亿元人民币。科技部明确"纳米研究"计划的支持重点为以满足国家重大需求为牵引、重大应用为导向的基础研究，也强调推动前期支持的基础研究成果走向应用。另外，科技部高新技术发展及产业化司、社会发展科技司等也对纳米技术的应用研究和可转移技术进行了重点支持。

应该说，21世纪中国纳米科技是在国家全方位的战略布局下发展的。在国家层面上，基本形成了国家自然基金委主要支持创新与自由探索为主的基础研究，科技部基础

[①] 《增强自主创新能力 建设创新型国家》，人民出版社2006年版，第113—114页。

研究司主要支持以满足国家重大需求为目标的、应用导向性的基础和应用基础研究,科技部高新司等主要支持应用研究和可转移技术研究的布局。基地建设方面,2003年,中科院与教育部共建的"国家纳米科学中心"成立,标志着国家层面纳米科技研发组织建制的形成。"十一五"时期,国家先后建设了"纳米技术及应用国家工程研究中心"和"国家纳米技术产业化基地(天津)"等国家纳米科技单位。

在多方面、多渠道支持下,中国研究人员在纳米材料、纳米表征技术、纳米器件与制造、纳米催化以及纳米生物与医学领域取得了一系列重要进展。其中,在纳米材料领域的发展较为突出,发展水平与国际上发达国家相当。伴随着纳米科技这一前沿学科在中国发展进程的是一批优秀科学家的出现。中国科学院的多个研究所和高校建立了70余个纳米科技研究平台,形成数量可观的人才队伍。2009年,中国在纳米领域发表的SCI论文数量已跃居世界第一,纳米领域高水平的论文数量和年度平均被引用率处于世界先进行列。应用研究方面,中国申请或获得授权的国内专利数量显著增长,到2007年4月已达到7900多件,申请和授权的专利数处于世界前列,反映出中国纳米科技在研究开发方面达到世界先进水平。同时,中国积极参与并部分主导了国际纳米技术标准工作,颁布了一批国家纳米技术标准，初步形成了纳米标准化体系。根据联合国教科文组织评价，中国在纳米科技的基础研究、应用研究等方面都具备了较强的国际竞争力。[①]

863计划支持下的纳米科技研发

中国纳米科技的发展是在国家全方位布局下推动的。973计划、863计划、国家自然科学基金等国家级科学技术计划对于纳米科技的研发给予了多方面支持。其中863计划主要支持纳米技术的应用研究。早在中国纳米科技发展初期，863计划就设立了有关项目，主要支持纳米技术研发。"十五"期间，863计划设立"纳米材料与微机电系统"重大专项和"纳米生物技术"专项，在纳米信息材料及器件的集成技术、纳米生物医用材料、纳米环境材料、纳米能源材料、纳米特种功能材料、纳米生物技术方面进行重点部署。在863计划的支持下，中国在纳米材料、纳米器件与制造、纳米生物与医学等领域取得一系列研究成果，成功实现产业化。以下几个领域的成果可作为代表：

（1）纳米材料制备。纳米颗粒材料是纳米材料的最

[①] 白春礼：《中国纳米科技研究的现状及思考》，《物理》，2002年第2期；白春礼：《中国科技的创造与进步》，外文出版社2018年版，第147—152页；国家自然科学基金委，中国科学院：《未来10年中国学科发展战略·纳米科学》，科学出版社2011年版，第viii、16—18页；中国科学院纳米科技领域战略研究组：《中国至2050年纳米科技发展路线图》，科学出版社2011年版，第47—53页。

基本组成部分,其工程化制备是纳米材料商业化应用的必由之路。然而,直至20世纪90年代,绝大多数纳米颗粒的制备技术仅停留在实验室阶段,由于制备成本很高,难以进行规模化工业生产,商业化应用受到制约。正因如此,低成本规模化制备纳米颗粒材料技术成为国际研究热点。北京化工大学的团队于1994年提出"超重力法合成纳米颗粒材料"的新思想,1995年得到国家863计划新材料领域专家委员会的支持,被列入国家"九五"计划重点项目。在863计划的支持下,北京化工大学陈建峰团队首创超重力法制备纳米颗粒材料工业化新技术,成功应用于万吨级碳酸钙等多品种纳米颗粒材料大规模工业化生产,开辟了一条低成本商业化生产纳米科技材料的新路径,也走出了一条独立自主的材料技术开发之路。

(2)纳米器件研发。半导体存储器是半导体产业的重要组成部分。随着消费电子市场的快速增长,存储器市场也越来越大。纳米相变存储器(PCRAM)具有存储单位尺寸小、非挥发性、循环寿命长、稳定性好、功耗低和可嵌入功能强等优点,特别是器件特征尺寸的微缩优势尤为突出,具有广阔的商用前景。中科院上海微系统与信息技术研究所选定PCRAM作为研发重点,先后获得863计划材料领域目标导向类课题、863计划重点项目等支持。在此基础上,上海微系统所联合北大、复旦、南大等高校,中科院上海光机所、中科院半导体所等研究单位，与国内最大的外资企业中芯国际组建联合实验室，进一步与超捷存储技术股份有限公司合作，实现产研互动，为中国下一代半导体存储技术在国际上占有一席之地奠定了基础。

（3）纳米生物技术。免疫层析检测技术是自20世纪90年代发展起来的一类快速检测技术。这种利用金纳米粒子作为示踪标记物和显色剂的金标免疫层析检测技术，以其操作简便、成本低廉、检测快速、灵敏度高等特点受到关注。然而，由于国内外对金纳米粒子形成过程认识不足，高质量金纳米粒子的制备成为免疫层析技术产业化中的关键问题之一。2002年，清华大学深圳研究生院与吉林大学化学学院课题组合作，在863计划的支持下，探索"基于纳米晶生物探针的免疫层析检测技术"。课题组详细研究了纳米金颗粒的形成机理，形成了年产5升改性纳米金溶胶的生产能力，可满足5000条免疫层析检测试纸的生产配套要求。2005年，通过进一步实施863计划滚动课题"乙肝、艾滋病病毒检测用纳米晶免疫试纸"，研制成功"改性纳米金标记的乙肝和艾滋病病毒诊断试纸"，其检测灵敏度比传统胶体金试纸提高了10倍。在上述课题的实施中，课题组获得发明专利授权12项和实用新型授权2项，培养了一批从事纳米材料与生物技术交叉领域研究的人才。

（4）仿生智能纳米材料。仿生智能纳米材料研发的意义在于它将认识自然、模仿自然、超越自然有机结合，为科学技术创新提供新思路、新理论和新方法。在863国际合作项目的资助下，中科院化学研究所开展"智能化特殊浸润性涂层材料"研发。该项目模拟具有特殊性能生物体结构，制备出具有特殊性能的界面新材料，并实现界面材料的智能化。经过多年研究，实现"大面积制备由纳米结构导致亲水聚合物的疏水表面"等科学目标。利用仿生智能材料领域取得的研究成果，对传统材料进行改性，为实现传统产业的升级换代提供了理论和技术基础。

纵观我国材料科技与产业发展历程的实践，可以看到任何一种新材料从研制到应用都要经历一个漫长过程，这是材料科技及产业的自身特点和发展规律，纳米科技研发也是如此。应该说，863计划等国家科技项目给予中国纳米科技研发长期、稳定的支持，使中国科学家在纳米探测、纳米器件制造、纳米催化、纳米生物与医学等前沿领域取得了诸多有显著应用价值的成果，纳米技术成果转化初具规模，同时培养了一批从事纳米材料研究的人才，形成了一支稳定的并有承担国家纳米科学技术研究领域重大项目能力的研究队伍，使中国真正成为世界纳米科技研发大国。①

---

① 王琦安：《十年磨剑终成锋》，科技部863计划新材料领域办公室2008年版。

第三节　863计划与超导研究[①]

超导研究是中国物理学家在基础研究领域取得的代表性成就之一。20世纪80年代，中国在铜氧化物高温超导研究领域取得了重要成果，这一发现对于超导材料的应用具有重要意义。在这样的背景下，863计划将超导研究作为专题给予支持，推进了超导技术的应用及其产业化。与此同时，863计划等国家科技计划的支持使得中国在该领域的工作一直延续下来，在国内培养了一支高水平研究队伍。正是由于中国在该领域的长期积累，使得中国物理学家能够在2008年抓住铁基超导的机遇，在超导物理领域跻身国际前列。

中国超导物理研究的基础

20世纪初，制冷工业的发展为液化"永久气体"提供

[①] 本节内容主要来源于，刘兵等：《超导物理学发展简史》，陕西科学技术出版社1988年版，第127—135页；董光璧：《中国近现代科学技术史》，湖南教育出版社1995年版，第1256—1270页；刘兵：《著名超导物理学家列传》，北京大学出版社1988年版，第178—184页；赵忠贤：《百年超导，魅力不减》，《物理》，2011年第6期；赵忠贤：《我国低温物理发展三十年》，《物理》，1983年第7期；罗会仟：《超导"小时代"超导的前世、今生和未来》，清华大学出版社2022年版，第182—191、253—260页；王琦安：《十年磨剑终成锋》，科技部863计划新材料领域办公室2008年版，第250—255、311—315、290—298页；等等。

了技术上的可能。1911年，荷兰物理学家卡末林·昂内斯在液氦的温度下研究金属电阻随温度的变化，发现纯汞电阻变为零的现象。此后，物理学家发现相当多的金属、合金和化合物都具有在特定低温下电阻消失的性质，这些物质就是所谓超导体，而这些物质在特定低温下所表现出来的电阻变为零的现象则被称为超导电性现象。从20世纪60年代开始，低温超导技术在国际上的应用逐渐展开。然而，阻碍超导技术得到大规模应用的重要障碍就是已知超导体的临界转换温度太低，使之受制于低温技术的发展。为了探索更高临界温度的超导体，物理学家对各种材料开展了广泛实验研究，在探索更高临界温度的超导体方面做了大量工作，也使得超导临界温度纪录不断提高。遗憾的是，科学家1973年获得Nb3Ge的最高临界温度23.2开氏度后，在长达10余年的时间里此项工作未获得新进展。事实上，如此低的温度只有在液化氦中才能达到。而氦资源在地球上非常稀少，且制备液化氦技术复杂，维持低温环境的成本高昂，严重限制了超导技术的实际应用。正当寻找更高临界温度超导体工作陷入低谷时，1986年铜氧化物高温超导体的发现使其临界温度突破了液氮温区，导致了世界性大规模超导研究热潮的出现。中国物理学家正是在此次突破中作出重要贡献，跻身世界超导物理学研究先进行列。

中国超导物理研究的历史可追溯到20世纪40年代。1946年，中国物理学家程开甲在德国物理学家玻恩的指导下从事超导微观理论研究，完成了中国科学家最早的超导物理理论研究。1953年，中科院物理所组建低温物理研究组（1959年改为低温物理研究室），在洪朝生的带领下，低温物理研究组于1959年建成第一台用液氢预冷的氦液化器。1964年，低温物理研究组又成功研制中国第一台氦活塞膨胀机，并以此为基础制造了氦液化器，这些设备成为中国超导物理实验研究的必要条件。受液氦条件的限制，20世纪60年代初，中国的低温物理实验研究主要在物理所开展。此外，北京大学、南京大学、复旦大学的理论工作者也在超导领域开展了一些工作。1966—1976年，国内超导研究工作大部分集中于"实用性"研究，包括超导线材、超导磁体、超导薄膜的研制等。1976年后，中国超导研究得到快速发展。其中一个重要研究方向就是对高临界温度超导体的研究，这些研究为中国科学家在该领域开展研究工作奠定了必要基础。

1986年1月，两位来自瑞士国际商业机器公司的物理学家柏诺兹和缪勒在铜氧化物陶瓷材料中发现了高达30开氏度左右临界温度的超导电性，由此将超导临界转变温度提到了几十开氏度。正因如此，铜氧化物超导体被称为"高温超导体"。此后，对于更高临界温度超导材料的探索在世界范围内发展迅速，中国、日本、美国的物理学家都在该领域研究工作的推进中作出重要贡献，其中包括中科院物理所的赵忠贤。1986年9月柏诺兹等人关于铜氧化物中高温超导电性的发现公布后，赵忠贤出于对高临界问题超导体研究的特殊敏感，很快认识到柏诺兹等人工作的意义。于是，赵忠贤与其他物理学家立即开始了相关研究工作。同时期，正在对铜氧化物高温超导进行研究的科学家中包括美籍华裔物理学家朱经武。1987年2月16日，美国国家科学基金会宣布，朱经武领导的由亚拉巴马大学和休斯敦大学组成的实验小组，在高达92开氏度处观察到超导起始转变。1987年2月19日中午，赵忠贤等获得了第一块在液氮温区稳定超导的Ba-Y-Cu-O。他们继续奋战到2月20日凌晨2点，在进一步的实验中确定：在分辨率为10—8V的情况下，零电阻出现在78.5开氏度，出现抗磁性的温度为93开氏度，起始临界转变温度在100开氏度以上。① 2月24日，中科院数理学部在新闻发布会上宣布：中国科学家获得液氮温区超导体，起始转变温度在100开氏度以上，出现零电阻温度为78.5开氏度，并公布了材料的成分为Ba-Y-Cu-O。2月25日，《人民日报》发布这一成果。3月初，美国物理学会会议召开，该会议特别设

---

① 赵忠贤等：《Ba-Y-Cu 氧化物液氮温区的超导电性》，《科学通报》，1987年第6期。

立"高临界温度超导体讨论会",中国、美国、日本的科学家作为大会特邀报告人,分别报告了他们在高温超导材料领域探索的结果。①就这样,中国科学家以出色的工作在20世纪80年代跻身世界超导研究前沿。

863计划与超导材料应用研究

高温超导材料的发现对于超导的工业应用具有重要意义。根据物理学家的发现,超导临界温度已突破液氮温度(77开氏度)的壁垒,这意味着超导的应用将不再需要依赖于昂贵的液氦来维持低温环境,而仅用较为廉价且大量的液氮即可,超导的大规模应用因此有望实现。自此,世界范围内的超导研究转向对新超导体超导机制的实验与理论研究,对临界转变温度更高的新超导体材料的探索,以及将已知液氮温区超导体付诸应用目的等方向。

在这样的背景下,863计划将超导材料的研究列为专项,开展了液氮温区超导电性研究,在新材料探索、材料物理化学性质研究、薄膜技术、器件物理和技术等方面,分别展开了比较深入系统的工作。"十五"期间,863计划突破了高温超导带材产业化的关键技术,建成了年产能力300千米的铋系线材生产线,产品达到国际先进水平,

---

① 王兴五:《"高温"超导在1987年美国物理学年会上引人注目》,《物理》,1987年第9期。

用于超导输电电缆、舰船用电机、机车用变压器等项目中。利用高温超导带材完成的三相交流33.5米35kV/2kA高温超导电缆系统，在云南昆明普吉变电站正式挂网运行成功。开发完成了适合我国移动通信系统的超导滤波器子系统，实测通话距离是常规的1.7倍，各项关键技术指标达到国际先进水平，使中国成为继美国之后，第二个拥有此类实用核心技术的国家。"十一五"863计划中，在高温超导滤波器在移动通信及特种通信中的应用、电力系统用高温超导限流器等方面，中国取得突破性进展。[①]"十二五"863计划中，我国成功研制出第一台1兆瓦高温超导电动机，2012年4月实现满功率稳定运行。

在863计划支持下，全国各大高校、科研院所大力开展超导研究工作，推进高温超导技术的应用及其产业化。

清华大学超导物理和电子学研究室主要从事超导材料的物性和超导物理的基础研究，是国内较早成功研制高温超导块材和高温超导薄膜的单位之一。在国家超导中心的支持下，研究室从1988年开始投入超导微波器件原理样机研究。1996年开始，研究室逐步开展高温超导滤波器及其应用的研究，攻克了高精度高温超导滤波器的设计、

---

① 科董：《以"发展高科技、实现产业化"为宗旨"十五"863计划在六大领域取得突破》，《中国科技产业》，2006年第1期；刘庆：《十一五"863"计划：超导材料及其应用的研究进展》，《中国功能材料科技与产业高层论坛论文集》2009年版，第25页。

精加工等技术难题，2001年研制成功了世界上第一台用于GSM1800移动通信系统的高温超导滤波器系统。在"十五"863重大项目"移动通信用超导滤波器系统的研制和应用示范"的支持下，研究室实现了高温超导在通信领域的首次实际应用，实现了高温超导器件的首次批量应用。2005年12月，研究室在北京大钟寺地区建成了我国首个高温超导滤波器通信应用示范小区，对于高温超导这一高新技术在中国走向规模应用和产业化具有重要意义。

北京有色金属研究总院自20世纪60年代开始从事超导材料研究。1986年以后，北京有色金属研究总院集合全院科研力量，开展高温超导研究，1992年成立超导材料研究中心，研究方向涉及高温超导粉体、块材、靶材、薄膜、带材、超导磁体、电流引线、超导电缆等领域。"八五"开始，北京有色金属研究总院承担863计划研究课题。"九五"期间，北京有色金属研究总院在863计划的支持下，配合西南交通大学成功研制出世界上第一辆高温超导悬浮车，该车共使用344块高温超导块材，其中342块由北京有色金属研究总院提供。"十五"期间，北京有色金属研究总院承担863项目"2—3英寸大面积双面高温超导薄膜的小批量化研究"，实现了2—3英寸钇系薄膜的小批量制备，性能达到国际水平。高温超导带材研究方面，北京有色金属研究总院从1988年开始开展第一代高温超导带材研究，"九五""十五"期间，北京有色金属研究总院开展第二代高温超导带材研究，研发出具有自主知识产权的相关设备，摸索出制备高温超导带材的工艺技术，将中国第二代高温超导带材的研发推上新台阶。

西北有色金属研究院从20世纪70年代开始开展低温超导材料制备技术研究，80年代创造了"NbTi低温超导材料临界电流密度"的世界纪录。90年代以后，在国家863重点攻关课题"高温超导电缆用Bi系带材""实用Bi系高温超导带材的研究开发"等课题的支持下，西北有色金属研究院在低温超导材料研究方面保持了国际先进水平，开发出具有自主知识产权的铋系线（带）材制备技术，获得了一批具有自主知识产权的专利技术，解决了大规模长线制备等技术难题。在"十一五"863计划的支持下，西北有色金属研究院的中国科学家聚焦国际研究热点涂层导体领域，完成了"NiW合金基带批量化制备技术和功能层的化学溶液法制备技术"研发，为低成本涂层导体的制备奠定了良好基础。[①]

综上所述，在863计划的支持下，中国在高温超导材料研究、超导器件的应用等方面取得了新进展，推进了高温超导技术的产业化，培养了一支超导物理研究队伍，

[①] 王琦安：《十年磨剑终成锋》，科技部863计划新材料领域办公室2008年版，第250—255、311—315、290—298页。

为中国科学家在高温超导物理领域的进一步研究奠定了基础。

在铁基超导研究中的突破

2006年国务院印发的《中长期纲要》，论述了高温超导技术的重点研究方向：高温超导技术重点研究新型高温超导材料及制备技术、超导电缆、超导电机、高效超导电力器件；研究超导生物医学器件、高温超导滤波器、高温超导无损检测装置和扫描磁显微镜等灵敏探测器件。[①]在政府的支持和物理学家的长期坚持下，2008年中国科学家抓住了"铁基超导体"的机遇，完成了中国在高温超导领域的第二次突破。

2008年年初，日本东京工业大学细野秀雄团队在氟（F）掺杂的LaFeAsO中发现转变温度达26开氏度的超导电性。这一发现很快引起强烈反响，因为在传统观念中，磁性元素铁不利于超导，而新发现的铁基超导体恰恰是以铁为主的化合物，其临界温度如此之高，完全与传统认识相悖。2008年3—6月，来自中科院物理所、中科大的物理学家团队集中对铁基超导材料展开研究，中国科学家"井喷式"的工作产出推动一个新的高温超导家族诞生。

[①] 《中共中央国务院关于实施科技规划纲要 增强自主创新能力的决定》，人民出版社2006年版，第55页。

2013年，这一团队的几名代表获国家自然科学一等奖。中国科学家的工作也引起国际学术界的关注。美国《科学》(Science)杂志在2008年4月25日以《新超导把中国物理学家推到了最前沿》为题进行报道，高度赞扬了中国科学家在铁基超导研究方面的工作进展。①

此后，中国科学家在铁基超导研究领域始终保持在国际前列。在政府的支持和科学家的努力下，中国高温超导研究在超导材料合成、超导物理理论研究，以及超导应用研究等方面与其他国家齐头并进，在很多方面处于国际先进水平。中国超导研究队伍不断壮大，不论在规模上还是在研究水平上都与国际先进水平相当。正如铁基超导的首位发现者细野秀雄所说："中国科学家对超导科学和技术作出的贡献是杰出和卓越的。现在中国在此领域中处于领先状态，我们期待着中国在此领域中起到引领作用。"②

---

① 赵忠贤：《铁基超导体研究：凝聚态物理的一个新机遇》，《中国科学基金》，2014年第3期；Cho A. New superconductors propel Chinese physicists to forefront[J]. Science, 2008, 320 (5875): 432−433。

② 闻海虎：《铁基超导实验研究与中国超导研究展望》，《科技导报》，2021年第12期。

第八章　航天技术领域

863计划是中国载人航天事业的"起跑线"。1986年，航天技术作为一个重要的高技术领域被列入863计划，该领域的两个主题项目都与载人航天紧密相关——大型运载火箭和天地往返运输系统，载人空间站系统及其应用。从863计划列入航天技术到1992年的7年时间里，中国航天工作者进行了概念研究、工程专家设计和可行性研究、工程技术及经济可行性论证，最后提出成熟的方案和技术途径，充分系统的科学论证为中国载人航天工程的顺利推进创造了良好条件。1992年9月，中国载人航天工程（"921"工程）正式开始实施，中国载人航天由此踏上新征程。经过数十年努力，中国在载人航天领域取得了举世瞩目的成就，成为继苏（俄）、美之后世界第三个载人航天大国。

第一节　中国航天技术的起步

中国导弹与航天发展始于1956年。1956年中国制定的十二年科学技术规划中，列入"喷气和火箭技术的建立"一项内容，规划要求在12年内能够"独立进行设计和创造国防上需要的、达到当时先进性能指标的导弹"，"火箭技术走上独立发展的道路并接近世界先进的科学技术水平"。1957年10月4日，苏联成功发射了第一颗人造地球卫星。美国紧随其后也发射了人造卫星，掀起了美苏两国之间的"太空竞赛"。1958年5月，在中共八大二次会议上，毛泽东提出："我们也要搞人造卫星。"不过，由于国情的限制，中国当时尖端技术的发展方针是"两弹为主，导弹第一"，发射人造卫星的计划只能先"让路"，转为研制探空火箭，以此打基础，训练队伍。

1964年，中国自行设计的第一枚近程火箭发射成功。与此同时，多年来一直在"打基础"的科研团队在卫星能源、卫星温度控制、卫星结构、卫星测试设备等方面都取得突破。同年年底，钱学森、赵九章等科学家上书中共中央，建议开展人造卫星的研制工作。科学家的建议受到中共中央领导人的高度重视。1965年5月，受毛泽东委托，周恩来指示中国科学院拿出第一颗人造卫星具体方案。经过上百名专家严密论证，第一颗人造卫星的性质、任务、发射时间得以确认。发射成功的标志为"上得去、抓得住、听得到、看得见"。由于卫星工作规划方案是1965年1月正式提出的，因此将人造地球卫星工程代号定名为"651"任务。从此，"东方红一号"进入到工程研制实质阶段。

1970年4月1日，"东方红一号"卫星、"长征一号"运载火箭运抵我国西北的酒泉发射场。4月24日，中国成功发射了第一颗人造地球卫星，卫星运行轨道的近地点高度为439公里，远地点高度为2384公里，轨道平面与地球赤道平面夹角68.5度，绕地球一圈需114分钟。卫星重173公斤，用20.009兆周的频率播放《东方红》乐曲。东方红卫星发射后的第二年，中国又发射第一颗自主研制的科学实验卫星——"实践一号"。

人造卫星上天后，中国的载人航天计划提上议程。1971年，中国启动载人航天计划，开始研制"曙光一号"载人飞船。然而，由于当时综合国力和科研能力的限制，"曙光一号"项目暂时搁浅。到1974年该计划中止时，已取得一些进展，包括高空生物实验、航天员选拔、航天医学研究以及实验设备研制。改革开放前，中国航天技术已在各个方面取得重大进步：成功研制近程、中程和洲际导弹；研制出"长征一号""长征二号""风暴一号"运载火箭，共进行11次卫星发射。1975年，我国发射第一颗返回式人造卫星。这些都为中国载人航天事业的发展奠定了基础。①

第二节　揭开中国载人航天事业的序幕

1983年美国提出"星球大战"计划，苏联随即制定相应计划，欧洲、日本相继提出发展航天计划的设想。1985年7月，中国首届太空站研讨会在秦皇岛召开，这是中国第一次召开研究载人航天技术的会议，会议对发展载人航天进行了初步的技术、经济可行性探讨。会后，《太空站讨论会文集》报送给党和国家有关领导人及相关部门负责人。在时任航天部科学技术委员会主任任新民的倡导下，中国载人航天计划又一次启动。

1986年，863计划启动，航天技术作为一个重要领域被列入计划。主题项目之一为大型运载火箭和天地往返运输系统，主要研制能发射小型空间站的大型运载火箭和研究发展天地往返运输系统；另一个是空间站系统及其应用主题，主要研究发展规模较小、性能先进、模块式的空间站系统，并进行空间科学与技术研究，实现载人空间飞

---

①　陈芳，董瑞丰：《巨变：中国科技70年的历史跨域》，人民出版社2020年版，第135—138页；白春礼：《中国科技的创造与进步》，外文出版社2018年版，第118页。

行。这两个系统工程相互联系，又各有使命。

发展载人航天事业意义的论证

尽管863计划明确要进行载人空间站及其应用项目的研究，但中国为什么要搞载人航天？怎么搞？特别是在并不富裕的中国，搞这样高投入、高风险的事业，是否能够获得对长远发展有实际效益的高回报？这些问题都是需要明确的。在中国国内，意见并不统一。一种意见认为，经过30多年努力，中国已经建成了具有相当规模、专业齐全、完整配套的航天研究、设计、试验、研制、生产、发射和测控体系，完全有能力开展载人航天研发。另一种意见则认为，开展载人航天研究不仅投资巨大，而且风险很大。两种意见不分上下，引发了"为什么搞载人航天"和"值不值得搞载人航天"的激烈争论。在这样的背景下，1986年的第24号文决定，先在航天领域安排概念研究，充分论证之后再进行决策。

在国防科工委的组织下，中国航天界知名专家组成专家委员会，开展了系统全面的论证。专家认为，人类已经进入大航天时代，世界上能够制造卫星的国家已远不止美国、苏联等少数几个国家，卫星应用已经成为各国科技发展的重要组成部分。载人航天更是人类开发、利用太空资源的重要手段。同时，载人航天是宇宙天文科学、大气地球科学、航天医学、空间科学、近代力学,以及系统工程、自动控制、计算机、通信、遥感、新能源、新材料、微电子、光电子等科学技术领域能力与水平的综合体现,是引领和带动通信与定位、航天遥感应用、计算机及其应用、微电子集成、特种材料制造和冶金、现代农业等重要产业部门发展的动力。因此,载人航天对于国家而言,在政治、经济、科技等方面的战略意义不言而喻。正如"两弹一星"在20世纪60年代对于中国的意义,21世纪的中国如果不搞载人航天,将不会是一个"有重要影响的大国"。论证期间,专家深入火箭、航天器研制及发射、测控和生产一线考察调研。他们看到,经过数十年发展,中国的航天事业已达到相当规模,在许多重要的技术领域跻身世界先进行列。更重要的是,中国的综合国力和技术水平较20年前有了长足发展,具备启动载人航天工程的基础。最终,专家委员会得出结论:中国应该迎难而上,发扬"两弹一星"精神,立即着手开展载人航天工程的研制。[①]

载人航天技术途径之争

1987年2月,863计划航天专家委员会正式成立。该委员会由国家高科技领导小组直接领导,组长由时任国务院总理兼任,副组长是国家科委主任宋健,屠善澄任首席科

[①] 兰宁远:《中国飞天路》,湖南科学技术出版社2020年版,第46—47页。

学家，专家委员中囊括了国内航天领域的优秀专家。国家下定决心拨款50亿元，发展大型运载火箭及天地往返运输系统、载人空间站系统及其应用。

863计划课题组描绘了中国载人航天发展的总体蓝图，但中国载人航天应如何起步？飞船将采用什么构型？这些成为专家委员会面临的首要问题。针对这些具体问题，中国科学界内部展开了一场争论，争论的焦点集中在采用什么运输工具往返于天地之间。

20世纪80年代中期，正是国际航天飞机发展的黄金时期。1981年，美国的"哥伦比亚号"航天飞机首飞成功，苏联的"暴风雪号"航天飞机在1988年进入太空，日本、欧洲也正在研制航天飞机。在这样的背景下，中国科学界主要分为两派：一派认为，航天飞机可重复使用，顺应了国际航天发展潮流，中国的载人航天应当有一个高起点；另一派则认为，载人飞船既可搭乘航天员，又可向空间站运输物资，还能作为空间站轨道救生艇，且经费较低，更符合中国国情。根据这两种不同意见，1987年4月课题专家组发布《关于大型运载火箭及天地往返运输系统的概念研究和可行性论证》的招标通知，向全国招标。在一个月时间里，60多家单位的2000人参加这场大论证，提出11种可供选择的技术方案。专家从中筛选出空天飞机、火箭航天飞机、小型航天飞机、可部分重复使用的小型航天飞机、多用途载人飞船5个技术途径方案，要求方案提出者在1988年6月底前，完成技术可行性论证报告。

1988年7月，专家组在哈尔滨召开的天地往返系统论证结果评审会上，针对以上方案，经过激烈辩论，达成三点共识：一、空天飞机和火箭航天飞机虽然是未来天地往返运输系统可能的发展方向，但我国还不具备相应的技术基础和投资能力，不宜作为跟踪目标。二、带主发动机的航天飞机要解决火箭发动机的重复使用问题，难度比较大。三、可供进一步研究比较的是多用途飞船方案和不带主发动机的小型航天飞机方案。此次讨论后，载人航天发展途径的选择集中在载人飞船和小型航天飞机之间，并倾向于采用小型航天飞机方案。会后，专家组组长钱振业将航空航天部呈送国家航天领导小组办公室拟报中央的方案送到钱学森处，希望在正式上报前征求钱学森的意见。报告的核心意见是：航天飞机方案优于飞船方案，建议选择航天飞机方案。经过深思熟虑，钱学森在报告上写下自己的建议："应将飞船案也报中央。"

根据钱学森的建议，航天航空部以"航天飞机与载人飞船两者之间选择其一"为议题，召开比较论证会，对技术可行性、国家经济承受能力、技术风险等方面进行仔细比较和论证。航空航天部北京空间机电研究所高技术论证组组长李颐黎明确支持载人飞船方案。他指出：美国有钱，它有4架航天飞机，每架回来后光检修就要半年时间，飞行一次得四五亿美元。苏联也有3架航天飞机，其中一架飞过一次，另一架正准备飞，还有一架是做试验用的。因为没钱，现在飞不起了。欧空局研制的"赫尔墨斯号"小型航天飞机也是方案一变再变，进度一拖再拖，经费一加再加，盟国都不想干了，最后只好下马。"基于上述原因，我认为，从国情出发，绝不能搞航天飞机！"此次比较论证后，专家逐渐统一了思想，一份《大型运载火箭及天地往返系统可行性及概念研究综合报告》出台。报告提出：从载人飞船起步，充分利用返回式卫星的回收技术，研制多用途飞船，尽快突破载人航天技术。

至此，历时4年之久的中国载人航天技术途径之争落下帷幕。会后，论证组向钱学森汇报了飞船的论证情况。钱学森表示："将来人上天这个事情，比民航飞机要复杂得多，没有国际合作是不行的，哪个国家自己也干不起。这是国家最高决策。在50年代要搞'两弹'就是国家最高决策，那也不是我们这些科技工作者能定的，而是中央定的。所以，我们一定要慎之又慎，要为中央的决策提供有价值的意见啊！"[1]

---

[1] 朱增泉，左赛青：《中国载人航天工程决策实录》，《决策与信息》2003年第12期；陈芳，董瑞丰：《巨变：中国科技70年的历史跨域》，人民出版社2020年版，第141页；兰宁远：《中国飞天路》，湖南科学技术出版社2020年版，第48—51页。

中国载人飞船工程的论证

1989年9月，航空航天工业部部长林宗棠向国家航天领导小组呈报《关于开展载人飞船研制的请示》。10月8日，国务院和中央军委成立了由国务院总理李鹏兼任主任的新一届中央专门委员会。1991年1月，为进一步推动载人飞船工程立项，航空航天工业部决定成立载人航天工程领导小组，统一组织论证工作，该小组与863计划的航天专家共同负责论证需要确定的技术指标、需要攻关的关键技术、需要建设的大型设施等，以便为中央决策提供基础依据。经过3个月的工作，联合论证组完成《载人飞船工程实施方案》，提交中央专委审议。中央专委认可这一方案，正式将一份《关于发展中国载人航天技术的建议》上报中央和邓小平。2月，航空航天工业部在呈送中央的《航空航天重大情况（5）》中，汇报了研制工作的情况。3月15日，李鹏邀见任新民、钱振业，听取有关载人飞船情况的汇报。李鹏指出：虽然资金上有困难，但飞船项目所需的几十亿元还是可以解决的。他强调，飞船工程一定要专款专用。3月20日，航空航天部收到江泽民、李鹏、刘华清等中央领导在《航空航天重大情况（5）》上的亲笔批示。李鹏批示道：此事由专委讨论后报中央。在刘华清和李鹏的批示上方，是中共中央总书记江泽民的圈阅和签名，落款时间为1991年3月9日。得到中央领导支持后，载人飞船的论证和立项工作加快了步伐。

1991年4月，航空航天工业部科技委副主任、中国空气动力学专家庄逢甘组织召开针对"载人飞船工程实施方案"的讨论会，决定由航空航天部一院、五院和上海航天局根据会议提出的技术指标和要求，一边完善各自的实施方案，一边招标择优。6月29日，中央专委召开第四次会议，听取863计划航天领域专家委员会《关于发展载人航天的意见》和国防科工委《关于发展中国载人航天及其应用的意见》。863计划航天领域专家建议：在20世纪末建成载人空间站工程大系统，并对工程的研制经费、时间进度和组织实施提出具体方案。会后，航空航天部组织航空航天部一院、五院及上海航天局进一步开展载人飞船工程方案的论证工作。11月，3家单位分别提交整套《载人飞船工程可行性论证报告》。在此基础上，航空航天部综合它们的方案优势，最终形成《关于我国载人飞船工程立项的建议》，12月，正式提交中央专委审议。

1992年1月8日，李鹏主持召开中央专委会议。研究讨论发展中国载人航天问题。会议认为："从政治、经济、科技、军事等诸多方面考虑，立即发展我国载人航天是必要的，我国发展载人航天从飞船起步。"会后，国防科工委和航空航天部联合成立了由200余位专家组成的载人航天领导小组,由国防科工委主任丁衡高任组长。领导小组下设技术经济论证组和专家评审组。经过几个月论证工作,写成了方案论证报告和评审报告。8月1日,李鹏主持中央专委会议,听取国防科工委和航空航天部关于方案论证和评审的汇报。同月25日,中央专委向中共中央、国务院、中央军委汇报《关于开展我国载人飞船工程研制的请示》(以下简称《请示》)。《请示》是载人航天工程最终形成的顶层设计,由七大系统组成,包括航天员系统、飞船应用系统、载人飞船系统、运载火箭系统、发射场系统、测控通信系统和着陆场系统。方案既考虑到可行性,又考虑到超越性;既明确了发展方针、战略目标和"三步走"的总体构想,又提出了经费、进度、组织管理等建议,为进一步推进中国载人航天工程奠定了重要基础。[1]

第三节 中国载人航天的重大成就

1992年9月21日,中共中央政治局常委召开会议,作出实施中国载人航天工程的战略决策,并确定了我国载人

---

[1] 兰宁远:《中国飞天路》,湖南科学技术出版社2020年版,第51—54页;张蒙:《众志成城2003年的中国》,四川人民出版社2018年版,第209—210页;《再向太空行》,《中国新闻周刊》,第568期;中国航天科技集团公司、中国航天科工集团公司编:《飞跃苍穹——中国航天50年(1956~2006)》,浙江科学技术出版社2006年版,第103页。

航天"三步走"的发展战略：第一步，发射载人飞船，建成初步配套的试验性载人飞船工程，开展空间应用实验。第二步，突破航天员出舱活动技术、空间飞行器交会对接技术，发射空间实验室，解决有一定规模的、短期有人照料的空间应用问题。第三步，建造空间站，解决有较大规模的、长期有人照料的空间应用问题。自此，中国载人航天踏上了新征程。

1999—2003年，"神舟号"飞船共进行4次不载人发射。1999年，神舟一号成功发射，实现了天地往返的重大突破。此后3年，我国连续发射了神舟二号、三号、四号无人飞船，为载人飞行奠定了坚实基础。2003年10月15日，中国航天员杨利伟乘坐神舟五号载人飞船，遨游太空14圈后安全返回地面，实现了中华民族的千年飞天梦想。2005年，神舟六号飞船搭载费俊龙、聂海胜两名航天员实现"多人多天"成功巡天，在轨开展对地观测试验，圆满实现了工程第一步任务目标。2008年，翟志刚、刘伯明和景海鹏3名航天员驾乘神舟七号飞船飞向太空，翟志刚迈出中国人漫步太空的第一步，使我国成为世界上第三个独立掌握空间出舱活动关键技术的国家。

神舟五号、六号和七号是中国载人航天工程第一阶段任务，此后是第二阶段任务，即发射和运行空间实验室。2011年9月29日，我国首个目标飞行器天宫一号成功发射。11月，神舟八号无人飞船进入太空，与天宫一号首次实现了空间交会对接；2012年6月，神舟九号飞船把航天员景海鹏、刘旺、刘洋送入太空，并与天宫一号首次进行载人交会对接，航天员首次入驻天宫一号。2013年6月，天宫一号再度与神舟十号载人飞船顺利对接，航天员进行了中国首次太空授课。2016年，我国首个真正的空间实验室天宫二号和神舟十一号载人飞船相继发射，航天员景海鹏、陈冬在太空完成了一系列空间科学实验和技术试验，实现了航天员中期驻留的目标。

到2016年年底，中国载人航天工程"三步走"发展战略已经完成了前两步，开始实施中国载人航天工程第三阶段任务：研制、发射和运行载人空间站。

2017年，我国首艘货运飞船天舟一号与天宫二号成功交会对接，验证了货物运输和推进剂在轨补加技术。这些关键技术的突破，使得我国空间站建设具备了基本条件。2020年，长征五号B运载火箭首飞成功，拉开了我国空间站阶段飞行任务序幕。2021年4月29日，空间站天和核心舱发射任务取得圆满成功，中国空间站在轨组装建造全面展开。5月29日，天舟二号货运飞船成功发射，这是天舟货运飞船和长征七号运载火箭组成的空间站货物运输系统第一次应用性飞行。6月17日，神舟十二号载人飞船成功发射升空，与天和核心舱实现自主快速交会对接，航天员聂海胜、刘伯明、汤洪波先后进入天和核心舱，标志着中国人首次进入自己的空间站。10月16日，神舟十三号载人飞船将翟志刚、王亚平、叶光富3名航天员送入太空，航天员首次在轨驻留6个月，进行了为期最长的"太空出差"。2022年6月5日，神舟十四号载人飞船发射升空。本次航天任务中，入驻空间站的3位航天员分别是陈冬、刘洋和蔡旭哲，他们将配合地面完成空间站组装建设工作。9月2日，神舟十四号乘组经过6小时出舱活动，完成全部既定任务，标志着中国空间站进入建造阶段之后的第一次出舱活动圆满成功。10月31日，中国空间站主体三舱中的最后一个舱段——梦天实验舱发射任务取得成功。11月1日，梦天实验舱与天和核心舱顺利实现交会对接。11月29日，神舟十五号载人飞船发射升空。11月30日，神舟十五号航天员顺利进驻中国空间站，中国航天员首次太空会师。12月4日，神舟十四号载人飞船返回舱成功着陆，神舟十四号载人飞行任务取得成功。2023年6月4日，神舟十五号载人飞船返回舱成功着陆，神舟十五号载人飞行任务取得成功。①

---

① 白春礼：《中国科技的创造与进步》，外文出版社2018年版，第119—123页；《你知道"863计划"吗？》，腾讯新闻，2022年5月31日；《空间站梦天实验舱发射任务取得圆满成功》，中国载人航天工程网，2022年10月31日；《空间站梦天实验舱与空间站组合体在轨完成交会对接》，中国载人航天工程网，2022年11月1日；等等。

第九章　海洋技术领域

占地球总面积71%的海洋，不仅蕴藏着丰富的油气、矿产和生物资源，而且作为国际能源和货物运输的主要通道，是人类科学探索的重要领域。1996年，海洋技术领域研究被纳入863计划。自此，中国海洋科学技术在物理海洋学、海洋地质学、生物海洋学、海洋生态学、海洋化学、环境科学等学科领域都取得显著进展，为海洋渔业、海洋油气资源开发、海洋环境保护和海洋防灾减灾等方面的发展提供了科学指导。海洋监测技术方面，中国发射了第一颗海洋卫星，攻克了一系列海洋监测关键技术，研制了一批先进的海洋观测仪器设备，提升了国产海洋仪器设备参与市场竞争的能力；海洋生物技术方面，以海水养殖种质的优良化、海洋天然产物及海洋药物的研发等为代表，取得了一批很有应用价值的成果；海洋探查与资源开发技术方面，围绕深水海域油气与天然气水合物资源勘查、大洋矿产资源探查等方面的核心技术开展联合攻关，取得重要进展，为中国海洋油气资源勘探开发和大洋矿产资源调查评价提供了技术支撑。

第一节　中国海洋科技的发展

20世纪70年代以来，随着海洋战略地位的不断提升，海洋科学技术研究在世界范围内得到了前所未有的重视。1986年，美国率先制定"全球海洋科学规划"，强调海洋是地球上最后开辟的疆域，谁能最早、最好地开发利用海洋，谁就能获得最大利益。1990年，美国发表《90年代海洋科技发展报告》，指出以发展海洋科技满足对海洋不断增长的需求，以便继续"保持和增强在海洋科技领域的领导地位"。进入21世纪，美国加快了海洋开发和科技发展的步伐。2004年12月17日，美国总统布什发布"美国海洋行动"计划，成为21世纪美国海洋科学技术研究的指南。2007年1月，美国发布了"绘制美国未来十年海洋科学发展路线——海洋科学研究优先领域和实施战略"。与此同时，国际组织和众多国家围绕海洋科技的发展联合推出了一系列大型海洋研究和观测计划。例如：地球系统的协同观测与预报体系（COPES），全球海洋通量联合研究计划（JGOFS），海岸带陆海相互作用研究计划（LOICZ），全球海洋生态系统动力学研究计划（GLOBEC），海岸带陆海相互作用-Ⅱ（LOICZ-Ⅱ），上层海洋-低层大气研究计划（SOLAS），海洋生物地球化学和海洋生态系统综合研究计划（IMBER），国际综合大洋钻探计划（IODP），国际海洋生物普查计划（CoML），全球有害藻华海洋与生态学计划（GEOHAB），全球海洋观测系统（GOOS），全球实时海洋观测计划（ARGO），全球海洋碳观测系统（GOCOS），欧洲海洋观测数据网络（EMODNET），欧洲海底观测网计划（ESONET），等等。

中国是发展中的海洋大国，海洋科技的发展在维护我国海洋权益、保障国家安全、保护海洋生态环境、海洋资源可持续利用、海洋经济可持续发展等方面发挥着重要作用。20世纪80年代以来，在科技部、国家自然基金委以及中科院、环境保护部、农业部、国家海洋局等部门的支持下，中国启动实施了一系列重大科学技术研究计划，包括973计划、863计划、国家科技支撑计划（原科技攻关计划）和国家自然科学基金，以及相关部委一大批重大海洋科学技术专项，有力推进了中国海洋科技的发展。进入21世纪，全球海洋经济快速发展，海洋产业GDP年均增长率超过11%，成为世界经济增长的重要组成部分和新的亮点。2004年3月10日，胡锦涛总书记在中央"人口、资源、环境"工作座谈会上指出，开发海洋是推动中国海洋经济发展的一项战略性任务，要加强海洋调查和规划，全面推进海域使用管理，加强海洋环境保护，促进海洋开发与经济发展。

在国家科学技术规划的部署下，中国海洋科技显著进步，为未来发展奠定了良好基础。综合性海洋调查与考察取得重大进展，调查区域从海岛海岸带、近海向远海、大洋、极区拓展，积累了大量海洋基础资料。国际海底资源勘探与研究和南、北极科学考察成果显著，环球大洋调查拓展了中国海洋科学研究的空间和领域。海洋检测、海洋生物、海洋资源勘探高技术取得一系列自主创新成果。海洋数值预报业务化系统、海水淡化与综合利用技术取得新的进展。海洋卫星实现零的突破，构建了系列海洋卫星框架。海洋重大基础研究成果显著，提高了对中国近海环流、陆海相互作用、有害赤潮、边缘海形成与演化、海洋生态系统以及深海环境等的认识，部分成果已经达到国际先进水平。海洋科技成果转化及产业化工作稳步推进。同时，海洋科技体制改革初见成效，初步建立了"开放、流动、竞争、协作"的运行机制，形成了以部门重点实验室为核心的重点学科群，创新和支撑能力有了明显提高，海洋人才队伍不断壮大，基础条件平台建设得到加强，国际海洋科技合作越来越深入。然而，中国海洋科技的总体水平与世界先进水平相比，仍存在较大差距，与国家海洋事业发展的要求还不相适应。主要表现为：自主研发的海洋开发技术有限，海洋技术推广应用与成果转化不足，产、学、研一体化体系不完善，海洋科技对海洋经济的贡献率较低；海洋基础研究不够深入和系统，对海洋自然规律的认知程度亟待提高；海洋科技条件和基础设施平台建设滞后，大型海洋科技装备能力明显不足，共享程度较低；创新人才、学术带头人和高层次科技人才较少；海洋科技投入不足；海洋科技体制及运行机制仍然存在问题。[①]

2005年12月，国务院印发《中长期纲要》，将海洋技术列为八大前沿技术之一给予重点部署。2006年，为贯彻全国科学技术大会精神，落实《中长期纲要》，加快海洋科技发展，推进国家海洋科技创新体系建设，提升我国海洋科技水平和能力，支撑和引领海洋经济快速发展，保障海洋安全，国家海洋局、科技部、国防科工委、国家自然基金委联合印发《国家"十一五"海洋科学和技术发展规划纲要》（以下简称《海洋纲要》）。《海洋纲要》全面分析了我国海洋科技面临的形势、沿海社会经济发展需求、国家重大战略需求以及海洋科技工作发展现状，按照"深化近海、拓展远洋、强化保障、支撑开发"的指导方针和"需求牵引，推进创新""远近结合，超前部署"

[①] 《国家"十一五"海洋科学和技术发展规划纲要》，中华人民共和国自然资源部，2009年9月17日。

等原则，从发挥科技对海洋事业发展的支撑和引领作用角度出发，统筹考虑全国海洋科技力量和资源，全面规划和部署了"十一五"及今后一段时期全国海洋科技工作的发展方向，提出我国海洋科技发展的八大重点任务：一是发展海洋监测预报技术，提高海洋环境保障能力；二是发展海洋开发保护技术，推动海洋经济健康发展；三是开展海洋科学研究，提高海洋规律认知水平；四是开展海洋管理研究，促进海洋事业可持续发展；五是实施海洋重大专项，满足国家重大战略需求；六是推进海洋创新体系建设，提高海洋科技创新能力；七是加强海洋科技平台建设，提高海洋科技基础能力；八是加强海洋科技教育，培育海洋科技人才队伍。

在《海洋纲要》的指导下，国家推动包括863计划在内的一系列重大海洋科技研究计划的实施，中国海洋科技研究进入新的发展阶段。2008年，中国海洋生产总值29662亿元，占国内生产总值近10%。胡锦涛2009年在山东考察时，提出打造蓝色经济区的概念，要求"大力发展海洋经济，科学开发海洋资源，培育海洋优势产业"。国务院总理温家宝多次在讲话中指出，要大胆探索海洋，"切实加强海岸带可持续发展研究，促进海洋资源合理开发和海洋产业发展"。由此可见，以高技术为引导的海洋产业将在海洋经济中占有越来越重要的地位，并逐渐成为主导海洋经济的支柱产业。[①]

第二节　863 计划与海洋科技研发

从1993年开始，有关部门开始研讨将海洋科技纳入863计划。1993年5月，国家科委成立863计划海洋高技术立项论证专家组。8月4日，863计划海洋技术专项办公室和专项专家委员会成立。11月，海洋高技术专项启动，设立了"海水养殖动物细胞工程育种技术""海域地形地貌、地质构造探测技术""海洋石油地球物理测井成像技术"项目。1996年6月25日，经国家科委社会发展科技司批准，将"海水养殖动物细胞工程育种技术研究"项目列入海洋高技术专项。7月9日，国家科委领导小组正式批准将海洋技术作为第八个领域列入863计划，重点部署了"海洋环境立体监测系统技术和示范试验""海水养殖动物的多倍体育种育苗和性控技术""莺琼大气区勘探关键技术"3个重大项目，成立了海洋监测技术（818主题）、海洋生物技术（819主题）、海洋探查与资源开发技术（820主题）3个主题专家组。在863计划等国家科技计划的支持下，中国海洋技术研究工作不断推进。

[①] 中国科学院海洋领域战略研究组：《中国至2050年海洋科技发展路线图》，科学出版社2009年版，第76—81页。

863计划海洋技术研究的推进

863计划海洋技术领域工作的推进历经"九五""十五""十一五""十二五"4个历史时期。

"九五"期间，863计划海洋监测技术主题开展海洋环境立体监测系统技术和示范试验等专项研究；海洋生物技术主题开展海水养殖动物的多倍体育种和性控技术等专项研究；海洋探查与资源开发技术主题开展海底地形地貌与地质构造探测技术、海洋矿产资源综合评价技术、高温超高压低层钻井技术等研究。

"十五"期间，863计划主题设置有所变化，在前一时期的"海洋监测技术""海洋生物技术""海洋资源开发技术"以外，增加了"环境污染防治技术"主题，同时设立"水污染控制技术与治理工程""渤海大油田勘探开发关键技术""海水养殖种子工程""台湾海峡及毗邻海域海洋动力环境实时立体监测"重大专项。在此期间，海洋监测技术主题重点发展了高精度、自动化海洋现场监测技术装备，大尺度、模块化海洋遥感监测技术，多参数综合监测平台技术和技术集成示范系统；海洋生物技术围绕海水养殖业、海洋药业和海洋生物加工业三大新兴产业，开展关键技术研究与开发；海洋资源开发技术主题重点围绕深水海域油气与天然气水合物资源勘查、东海油气资源勘探开发、大洋矿产资源探测、海底立体探测和成像4个方面的关键技术展开研究；环境污染防治技术主题开发出15项具有自主知识产权的重大关键技术，部分达到国际先进水平。

"十一五"期间，863计划海洋技术领域实施"深化近浅海、开拓深远海"战略，重点围绕近海资源利用水平和深海战略性资源的储备，开发近海边际油田、深水油气田、天然气水合物和大洋海底固体矿产技术，特别是深远海监测技术；开展深海生物资源的探查、开发与利用技术研究，研制海洋创新药物与海洋生物制品等高值产品；建立一批海洋高技术研发基地，发展一批海洋前沿技术，实现中国海洋技术从近浅海向深远海的战略性转移。其间，国家投入专项经费18.6亿元，启动"天然气水合物勘探开发关键技术""区域性海洋监测系统技术""南海深水油气勘探开发关键技术及装备""南海深水区海洋动力环境立体监测技术研发"4个重大项目。部署启动的重点项目包括"油气层钻井中途测试仪工程化集成与应用""东海边际气田水下生产系统关键技术研究""渤海油田聚合物提高采收率技术研究""深水多波束测深系统研制"等。

"十二五"期间，863计划海洋技术领域从重大项目和主题项目两个层面进行部署。总体目标是：突破深海载人潜水器、小型深海移动工作站、海底资源勘查开发、深远海动力环境观测等一批核心技术和重大装备研制；开发极端环境海洋传感器、深海通用产品、海洋生物制品、先进测井设备等海洋先进科技产品；推动项目、人才、基地的密切结合，形成一支高水平海洋技术创新团队。其间，海洋技术领域各个主题和重大项目总体目标基本实现，并获得一批标志性成果。我国深海运载作业装备研发实现重点跨越，辐射带动国内配套深海通用技术及产业发展，基本形成了我国4500米深海探测、运载及作业能力，载人深潜技术进展显著。海洋环境监测多项核心技术取得突破，一批海洋监测仪器设备通过适用性检验，达到实用化要求，使我国初步具备了深远海环境监测及安全保障能力。海洋油气资源勘探开发方面形成一批重大技术成果，有力支撑了国家油气安全战略的实施；海洋生物资源获取和发掘能力显著提升，多项成果实现产业化。

中国海洋技术研究成果

在863计划等国家科技计划的支持下，中国海洋技术在海洋监测技术、海洋生物技术、海洋资源开发技术三大领域取得了重要进展。

海洋监测技术领域，从开始阶段的完全依靠进口，到逐渐实现国产化，监测领域从近岸浅海拓展到深远海，监测方式从以水面为主发展到空中、海上、水下、海底立体化的、网络化的、多学科的、连续性的观测系统。截至2017年6月底，中科院海洋研究所先后组织多个航次在热带西太平洋成功收放潜标73套次，建成由16套深海潜标组成的我国西太平洋科学观测网并实现稳定运行，在西太平洋代表性海域最深观测深度达5093米，获取了连续3年的温度、盐度和洋流等数据。2016年航次中，他们攻克潜标数据长时间实时传输的难题，实现了深海数据的"现场直播"。目前，中国海洋领域第一个国家重大科技基础设施——国家海底科学观测网正式批准立项，建成后将成为总体水平国际一流、综合指标国际先进的海底科学观测设施。

海洋生物技术领域，863计划将海水养殖作为重要技术方向进行部署，设立"海水养殖种子工程""海水设施养殖与病害控制""深水网箱养殖自动控制技术与装备"等项目，提升海水养殖的产业水平。2018年，中国首座自主研制的大型全潜式深海智能渔业养殖装备"深蓝1号"交付，成为中国水产养殖业现代化进程中具有重要影响力的一件大事，开启了中国深远海渔业养殖新征程。除此以外，中国在海洋天然产物开发技术的推动下，推出一系列创新性生物制品，包括海洋药物、海洋保健品、海洋化妆品、海洋功能食品、海藻肥料、农作物生长剂等。以现代分子水平的生物技术和海洋生物活性物质提取技术为支撑,中国还推出一批具有国际领先水平的高新技术成果。例如,通过转基因技术、细胞融合、蛋白质修饰、克隆技术等,培育出一大批高产、优质、抗逆、无特定病原的优良品种,使我国海水养殖业实现了海水超过淡水、养殖超过捕捞的历史性突破,切实改善了数以万计渔民的生活。

在海洋资源开发技术领域,以油气为主的勘探开发经历了由浅水到深海、由简易到复杂的发展过程。"十一五"期间,国家对油气资源的勘探由几十米深的渤海转向1000多米深的南海。863计划支持的深水钻完井技术,深水地球物理勘探技术、深水平台技术等,带动了国家南海深水油气的勘探和开发。2009年4月20日,由中国海洋石油集团有限公司建造的国家第一座深水油气开发平台——我国3000米深水半潜式钻井平台顺利下水,成为国家建造的技术最先进、难度最大的海洋工程项目之一。2017年5月,中国南海神狐海域天然气水合物试采实现连续187个小时的稳定产气。这是中国首次成功实现海域可燃冰试采。此外,中国在一些战略性资源的勘探开发方面,包括在海底可燃冰、热液硫化物矿床、大洋多金属矿产等诸多方面,取得了一批创新性成果。

863计划海洋技术领域研究显著提升了中国海洋技术的自主研发水平,支撑中国海洋事业的发展。海洋技术领域专家组组长刘保华曾回忆中国海洋技术的发展："九五"时，国家刚设海洋技术领域。那时候，"我们不会干，也不敢干，不能干"。"当时最早设计的项目叫'重力活塞取样器'，那时大洋考察，国家用潜钻，把一个钻机放在海底以后，它自主钻探，当时国内觉得这个东西干不了，就从俄罗斯租来，后来钻机突然不干活了，钻探工作也就无法再干下去。后来'十五'，国家自主研发了钻机，干得比前者还要好，下去就能干活，并且能够换钻头的"。2016年6月，"十二五"863计划海洋技术领域"深水钻机与钻柱自动化处理关键技术研究"课题通过验收。不仅使我国摆脱了海洋深水钻井装备依赖进口的被动局面，还强有力推动了我国高端海洋工程装备和深水油气勘探开发技术服务产业发展，为我国大规模开展深水区域和海外区块油气田开发提供强有力的科技支撑。①

第三节 863计划与载人深潜

深海研究是解决生命起源、地球演化、气候变化等重

---

① 本节内容参见，中国科学院海洋领域战略研究组：《中国至2050年海洋科技发展路线图》，科学出版社2009年版，第78—81页；陈芳，董瑞丰：《巨变：中国科技70年的历史跨越》，人民出版社2020年版，第148—150页；《863计划海洋技术领域"深水钻机与钻柱自动化处理关键技术研究"课题通过验收》，中央政府门户网站；《深钻、深潜、深网、深渔——中国科技向"深海"进军》，中央政府门户网站；等等。

大科学问题的前沿领域。多年以来，受探测手段的限制，深海区域的科学探索一直是海洋研究中较为薄弱的环节。20世纪60年代起，载人潜水器的研制进入快速发展阶段。美国、苏联、日本等国家相继制造出大深度载人潜水器。20世纪80年代初，随着中国海洋科技的发展，对潜水器的需求越来越迫切。20世纪90年代，中国深海探测器的研制开始向着世界前沿水平追赶。

2002年，7000米载人深海潜水器正式列入863计划的重大专项。中国船舶重工集团公司、中国科学院、国家海洋局等近百家科研机构组成研发团队，开始了"蛟龙"号7000米载人潜水器的研发。经过几年努力，"蛟龙"号搭乘"向阳红09"科考船于2009年8—10月进行首次海上试验，于10月3日搭载3名试航员下潜至1109米。翌年，下潜深度达到3759米，中国成为继美国、法国、俄罗斯、日本之后，世界上第五个掌握3500米以上大深度载人深潜技术的国家。2011年，"蛟龙"号5000米海上试验取得成功，最大下潜深度达到5188米。

2012年，"蛟龙"号赴西太平洋马里亚纳海沟开展7000米级海上深潜试验。6月24日首次突破7000米，创造了中国载人深潜纪录。7月16日，搭载潜水器的"向阳红09"科考船顺利返航青岛。此次试验中，"蛟龙"号6月15—30日6次深潜海底，3次超过7000米，4次刷新最深下潜纪录，最大下潜深度达7062米。7000米下潜深度标志着"蛟龙"号工作范围可覆盖全球99%以上海域，中国成为世界上拥有最大潜深作业型潜水器的国家。

2013年开始，"蛟龙"号连续执行中国大洋3个试验性应用航次，先后在我国南海、东太平洋多金属结核勘探区、西太平洋海山结壳勘探区、西南印度洋脊多金属硫化物勘探区、西北印度洋脊多金属硫化物调查区、西太平洋雅浦海沟区、西太平洋马里亚纳海沟区等七大海区下潜，"蛟龙"作业覆盖海山、冷泉、热液、洋中脊、海沟、海盆等典型海底区域，深海科技成果丰硕，获取了海量珍贵视像数据资料和高精度定位的地质与生物样品，为人类认识深海、开发深海发挥了重要作用。

总而言之，围绕"进入深海—认知深海—探查深海—开发深海"这一主线，中国不断突破制约深海探测能力的关键核心技术，进军深海科学和技术制高点，力争早日实现建设海洋科技强国的梦想。[①]

[①] 白春礼：《中国科技的创造与进步》，外文出版社2018年版，第143—145页。

结语：863计划制定与实施的历史经验和启示

863计划在20世纪80年代国际高技术竞争的背景下出台，当时的中国处于改革开放初期，经济基础较为薄弱。在这样的背景下，由邓小平亲自批示，全国数百名科学家参加论证，选择有限领域作为目标，集中全国力量开展研究。经过30年努力，863计划以相对较少的投入带动了行业、部门和地方的大力投入，取得了令人瞩目的成就，推动我国高技术研究实现了由点到面、由跟踪到创新的转变，对我国高技术及其产业发展产生了巨大影响。在近30年的实施中，863计划随着国内外形势的转化不断演进，引领了我国高技术的跨越式发展，提升了我国的科技竞争力；推动我国高技术产业化，带动了传统产业的升级改造，培育了若干战略性新兴产业生长点，提升了我国产业的竞争力；研制了一批具有世界先进水平的重大战略产品和系统，提升了我国的综合国力；凝聚、造就、培育了一批高技术研发人才和团队，建立了一批高技术研发团队，为我国高技术发展积蓄了持续发展能力；提高了全民族的创新意识和科学精神，带动了国家综合实力的提升和中华民族的腾飞。

一、863计划制定与实施的历史经验

863计划是中国高技术研发和自主创新的一面旗帜，其制定和实施的历史经验值得我们深入思考并总结。下面尝试从863计划制定和实施的历史中总结经验，以求对今后科技事业的发展建设有所助益。

1. 坚持和加强党对科技事业的领导

习近平总书记指出，"在革命、建设、改革各个历史时期，我们党都高度重视科技事业"，"我们坚持党对科技事业的全面领导，观大势、谋全局、抓根本，形成高效的组织动员体系和统筹协调的科技资源配置模式"[1]。在中国共产党领导下，一代又一代科技工作者艰苦奋斗，推动中国科技事业建设呈现整体性重大发展。

新中国成立后，在中共中央强有力领导下，中国科技事业建设步入正轨，建立了由政府主导和布局的科技体

---

[1] 习近平：《在中国科学院第二十次院士大会、中国工程院第十五次院士大会、中国科协第十次全国代表大会上的讲话》，人民出版社2021年版，第2—3页。

系，研发出以"两弹一星"为标志的重大科技成果，为中国科技事业发展奠定了坚实基础。改革开放后，邓小平强调"四个现代化关键是科学技术的现代化"，形成"科学技术是第一生产力"的重要论断。在这一思想的指导下，中国相继制定与实施863计划、火炬计划、星火计划等国家级科技发展计划，为中国科技事业的不断进步提供了重要保障。

20世纪80年代，在国际高技术竞争的严峻形势下，中共中央基于对发展高技术战略意义的充分认识，果断作出决策，决定集中资金，选择重点领域，追踪世界高技术的发展。就这样，863计划走上历史舞台。在党的集中统一领导下，全国各单位、各部门投入到863计划的制定中，经过严格的科学和技术论证，绘制出中国高科技发展的宏伟蓝图。高技术的研发具有周期长、风险大、难度高的特点，需要长期潜心研究，需要国家财政稳定的支持。在国家财政紧张的情况下，中共中央决定安排100亿元经费支持863计划，确保了计划的顺利出台。此后，中央财政持续支持863计划，推动中国高技术的不断发展壮大。"十五"期间安排了220亿元，"十一五"期间增长到345亿元。正是有了中央财政投入的持续增长，才保证了863计划能够着眼未来、面向前沿，吸引一大批事业心强、素质高、勇于创新的高技术人才，推动高技术的持续发展。①与此同时，中共中央不断深化科技管理体制机制改革，创新863计划管理机制，破除束缚科技创新的体制机制障碍，为863计划的实施营造良好的环境。

在863计划的实施中，中共中央立足国家各项事业发展全局，聚焦重大战略需求，不断对863计划的定位及目标进行调整。20世纪90年代，科学技术对经济社会发展的推动作用日益明显，邓小平为863计划题词"发展高科技，实现产业化"，指明了我国高技术的发展将面向产业化方向。进入21世纪，为进一步推动中国高技术研究及产业化的开展，中共中央明确863计划的主要任务是解决事关国家长远发展和国家安全的战略性、前沿性和前瞻性高技术问题，发展具有自主知识产权的高技术，培育高技术产业生长点。②2006年，全国科学技术大会提出用15年时间使我国进入创新型国家行列，号召全党全国人民坚持走中国特色自主创新道路，为建设创新型国家而努力奋斗。③这一阶段，863计划进一步强调自主创新，突出战略性、前瞻性和前沿性，重点加强前沿技术研究开发④。在

---

① 《863计划成功实施的主要经验——国家高技术研究发展计划（863计划）25周年回顾之九》，2012年7月17日，中华人民共和国科学技术部网站。

② 关于印发《国家高技术研究发展计划（863计划）管理办法》的通知，2001年12月25日，中央政府门户网站。

③ 胡锦涛：《坚持走中国特色自主创新道路 为建设创新型国家而努力奋斗——在全国科学技术大会上的讲话》，人民出版社2006年版，第1、20页。

④ 关于印发《关于国家科技计划管理改革的若干意见》的通知，2006年1月17日，中华人民共和国科学技术部网站。

中国共产党的正确领导下,863计划面向各个时期中国科技发展战略目标,取得了具有国际水平的高技术成果,使中国在现代高科技领域获得了话语权。

党的二十大报告指出:"坚持和加强党的全面领导。坚决维护党中央权威和集中统一领导,把党的领导落实到党和国家事业各领域各方面各环节。"[①]坚持中国共产党的全面领导是中国科技事业发展的根本政治保证。只有坚持和加强党对科技事业的全面领导,完善党中央对科技工作统一领导的体制,强化政治引领,才能形成全面谋划科技创新工作的强大合力,加快科技强国建设,实现高水平科技自立自强。

2. 正确处理举国体制与市场机制的关系

"集中力量办大事"是新中国科技事业建设的法宝。依靠举国体制的优势,中国在历史上取得了以"两弹一星"为代表的科技成就。改革开放以来,中国继续发挥举国体制的优势,一大批重大创新工程取得突破性进展。然而,举国体制并非解决一切问题的灵丹妙药。如何合理应用举国体制与市场模式,最大限度发挥中国制度优势,是

---

① 习近平:《高举中国特色社会主义伟大旗帜 为全面建设社会主义现代化国家而团结奋斗——在中国共产党第二十次全国代表大会上的报告(2022年10月16日)》,《人民日报》,2022年10月26日。

中国科技政策制定中的关键问题。

高技术的研发不能仅仅依靠国家计划的组织。事实上，科研机构只有在政府的引导下，与企业建立起面向市场的合作关系，引入竞争机制，才能够真正调动企业和科研双方的积极性，推动目标实现与经济效益更好结合。863计划不断探索推动高技术成果产业化的道路，实现了从初期支持研究院所、大学为主到后来形成企业、研究院所、大学三大创新主体互动共赢、共同推进的转变，积极探索培育企业为主体、产学研结合的技术创新体系，有力推动了中国高技术的发展及其成果的应用。863计划建立了公平的竞争机制，大学、企业和研究机构的科研人员及团队提交课题申请书，参加专家组组织的答辩和评议，采用票决的方式获得课题，即获得科研资源。这种机制极大地调动了大学、研究院所、企业参与高技术研发的积极性。[①]在863计划的实施中，各领域、主题通过与企业之间签订协议、召开联合工作会议、建立产业化示范基地、成立联合实验室等方式，努力建立与产业界的密切联系，以求更好地理解产业链上各个环节的难点，从企业的角度考虑，为企业提供技术扶持，行之有效地推动科研成果向现实生产力的转化。

---

① 梅宏，钱跃良：《计算30年——国家863计划》，科学出版社2016年版，第26页。

从863计划制定与实施的历史中可知，以国家重大需求为牵引，将攻克具有带动性、瓶颈性、前沿性的关键技术作为目标，由政府进行强有力的组织，通过某一项技术的突破带动一个产业的发展，最终形成具有自主知识产权的核心技术。这一研发路径在今天仍然值得参照。同时，必须充分发挥竞争和市场经济对资源配置的基础性作用。企业是技术创新决策、研发投入、科研组织、成果转化的主体。只有充分发挥企业与高校、科研机构联合创新的力量，加快推动已有科技含量高、经济价值潜力大的新技术、新材料、新装备和新工艺等创新成果尽快实现转化应用，才能推动各类关键核心技术的产业化和规模化。

3. 正确处理自主创新与开放创新的关系

改革开放以后，中国加快技术引进，扩大外商投资，迅速缩小了与发达国家之间的差距，在创新上获得后发优势。在863计划的实施中，中国积极广泛参与国际交流，不仅成功转移了先进技术，也为科学技术各领域长远的国际合作奠定了基础。

参与863计划的中国科学家从实践中深刻认识到，单纯地跟踪和引进国外技术是没有出路的。在掌握和消化国外高技术的基础上，结合中国实际条件，找到中国独特的发展路线和目标，实现自主创新，才是正确的发展道路。

以"智能机器人"主题和"智能计算机"主题的研究工作为例，20世纪80年代，世界正处于人工智能热的高潮，世界科技发达国家纷纷制定出国家级人工智能技术发展计划。在这样的背景下，"智能机器人"和"智能计算机"被纳入中国863计划。此后，中国科学家经过充分的调研和分析研判，选择了更适合中国的技术路径和目标。机器人主题专家组在冷静分析国内外智能技术发展水平的基础上，提出实现计算机辅助遥控加局部自主的技术路线，充分发挥人在系统中的作用，把人机交互作为主题的研究专题之一[①]。计算机主题专家组在反复研讨的基础上，评估中国现有的设施状况，预估经费额度，否定了研发智能机的路线，选择以并行处理技术为基础的高性能计算机为主攻方向[②]。事实证明，中国科学家选择的道路适合中国的发展阶段，符合科学技术发展的客观规律，美、日、欧由于当初对人工智能技术期望过高而实现不了，相继宣布自己的研究计划没有达到原定目标[③]，而中国机器人和计算机则在863计划的支持下开辟了未来发展的道路。

应该说，正确处理自主创新与开放创新之间的关系是

---

① 谈大龙主编：《迈向新世纪的中国机器人——国家863计划智能机器人主题回顾与展望》，辽宁科学技术出版社2001年版，第6页。
② 付向核：《曙光高性能计算机的创新历程与启示》，《工程研究——跨学科视野中的工程》，2009年第3期。
③ 谈大龙主编：《迈向新世纪的中国机器人——国家863计划智能机器人主题回顾与展望》，辽宁科学技术出版社2001年版，第6页。

863计划取得大量成就的重要原因之一。一方面，开放创新是中国科技创新发展的重要方式。只有坚定不移地扩大高水平对外开放，积极广泛地参与国际科技交流，才能为自主创新积累能力和资源，创造有利条件，在更高起点上推进自主创新。另一方面，关键核心技术的研发必须依靠自主创新。只有在开放创新中积极培育核心技术的自主研发能力，才能确保产业链、供应链的安全稳定，真正掌握竞争和发展的主动权。

4. 自觉践行和大力弘扬科学家精神

习近平总书记指出，科学成就离不开精神支撑。科学家精神是科技工作者在长期科学实践中积累的宝贵精神财富。[①]2019年，中共中央出台《关于进一步弘扬科学家精神加强作风和学风建设的意见》，要求大力弘扬胸怀祖国、服务人民的爱国精神，勇攀高峰、敢为人先的创新精神，追求真理、严谨治学的求实精神，淡泊名利、潜心研究的奉献精神，集智攻关、团结协作的协同精神，甘为人梯、奖掖后学的育人精神。从863计划的提出、制定到实施，一代又一代科学家前赴后继，接续奋斗，取得了大批科学技术成就。应该说，科学家精神的传承是863计划取得历史性成就的内在原因。

---

① 习近平：《在科学家座谈会上的讲话》，人民出版社2020年版，第11页。

20世纪80年代，在国际高技术竞争的推动下，王大珩、陈芳允、杨嘉墀、王淦昌4位科学家提出《建议》。事实上，这4位科学家之所以能够提出《建议》，正是缘于老一辈科学家具有胸怀祖国、服务人民的爱国精神。他们在新中国成立前赴海外求学或工作，回国后积极投身于尖端科学技术研发工作，以自身所学服务于国防建设。在多年科研实践中，他们充分认识到高技术研发的战略性意义，积累了宝贵经验。80年代，他们分别调任各部门行政管理职务，不仅追求在自身专业领域有所成就，更着眼于事关国家安全、经济发展的重大问题和关键技术，心系中国科学技术事业的未来发展。正是在这4位科学家高瞻远瞩的倡导和中共中央的正确决策下，863计划登上了历史舞台。

在863计划的实施中，一代又一代科学家不懈努力，在取得大批科研成果的同时，践行和传承了科学家精神。生物技术领域，袁隆平等科学家发扬勇攀高峰、敢为人先的创新精神，在杂交水稻研究领域进行长期探索，在两系法杂交水稻研究中取得重大创新突破，并向"超级水稻"阶段迈进，使我国在杂交水稻研究领域持续保持世界领先地位，为保障世界粮食安全作出了卓越贡献[①]。自动化领域水下机器人技术的研发集中体现出中国科学家集智攻

[①] 白春礼：《中国科技的创造与进步》，外文出版社2018年版，第126页；袁隆平：《袁隆平口述自传》，湖南教育出版社2017年版，第135—143页。

关、团结协作的协同精神。由中国船舶工业总公司、中科院和国家教委3个部门的5个单位组成总体组，总体组与用户及全国其他单位协作，150多名科技工作者共同工作10余年，相互配合，取长补短，成功研发了1000米和6000米水下无缆机器人[1]。人才培育方面，863计划各领域首席专家学术上开明、开放，鼓励中青年开拓，为杰出的科研人才大展宏图提供了广阔天地。大批中青年科研人员从参与项目，再做主题专家，到做总体组组长，从863计划中脱颖而出，充分体现出中国科学家甘为人梯、奖掖后学的育人精神。[2]

新中国成立以来，广大科技工作者在祖国大地上树立起一座座科技创新的丰碑，铸就了独特的精神气质。[3]当前，中国要实现高水平科技自立自强，需要自觉践行和大力弘扬科学家精神。重视科学家精神的宣传工作，讲好863计划中的科学家故事，有助于在全社会形成尊重知识、崇尚创新、尊重人才、热爱科学、献身科学的浓厚氛围，铸牢科技创新的精神根基，为建设世界科技强国汇聚磅礴力量。

---

[1] 谈大龙主编：《迈向新世纪的中国机器人——中国863计划智能机器人主题回顾与展望》，辽宁科学技术出版社2001年版，第7页。

[2] 苏熹，欧阳雪梅：《"863"计划——中国高技术人才培养的摇篮》，《中国人才》，2022年第11期。

[3] 习近平：《在科学家座谈会上的讲话》，人民出版社2020年版，第11页。

5. 加强创新型科技人才队伍建设

自863计划出台之日起，培养高水平科技人才队伍就是该计划的主要任务之一。《"863"计划纲要》指出："从现在起，应组织少量精干的科技力量，选择对我国今后经济建设有重大影响的某些高技术领域跟踪世界水平，力争有所突破，并造就一批新一代的高水平技术人才，为未来形成高技术产业准备条件。"①在863计划30年的实施中，始终把培养高素质、高水平的科技人才队伍作为一项战略性任务，为国家培养了一支高水平、多层次高技术人才队伍，也在改革科技体制机制，培养高水平、多层次科学技术人才方面积累了宝贵的历史经验。

首先，信任人才、尊重人才，赋予科学家更大技术路线决定权、更大经费支配权，适当引入竞争机制，是863计划人才队伍建设取得成功的关键。在863计划人才队伍的建设中，体制机制创新发挥了重要作用。为充分发挥科学技术人才的作用，国务院、国家科委在借鉴国际高技术管理方法和中国历史经验的基础上，为863计划确立"专家决策管理制"，打破了中国几十年来由政府部门决策管理的体制，专家作为863计划管理的主体，进行科研项目

---

① 《辉煌的历程——863计划大事记》，科学技术文献出版社2001年版，第30页。

和研究经费决策。在863计划的制定与执行中,专家委员会是863计划各领域实施计划的技术指挥与行政指挥合一的机构,首席科学家具有直接调配经费的权力。在中央确定的863计划框架下,由专家集体通过调研,自主进行技术决策,这一科研体制和机制经过863计划实践检验后,被国家自然科学基金、973计划采用。①

其次,重视"战略科学家"在重大项目中的领军作用,使他们能够最大限度地在决策中发挥出他们的知识优势,是重大项目取得成功的关键之一。战略科学家的特点是他们作为自身领域的专家,具有深厚的科学素养,长期奋战在科研第一线。不仅视野开阔,具有前瞻性判断力,而且具备组织领导能力。他们始终站在世界科学技术发展前沿和国家重大战略需求的高度上,提出具有前瞻性、战略性、创造性的新见解。在863计划的制定与实施中,战略科学家的作用最大限度地发挥出来。

最后,重视青年人才的选拔与培养是863计划不断取得成果的关键。863计划启动之时,中青年科研人员存在水平不高、经验不足、国际视野不开阔等诸多问题。863计划采取诸多措施,培养了一大批青年领军科技人才。863计划坚持在创新实践中发现人才,在创新活动中培育

---

① 汝鹏:《科技专家与科技决策:"863"计划决策中的科技专家影响力》,清华大学出版社2012年版,第80—81页。

人才，通过优化创新环境吸引人才，通过项目、人才和基地的统筹安排与部署，充分解放了科学家的能动性和创造力，造就了一批青年领军人才。以计算机主题的研发工作为例，国家智能计算机研究开发中心成立初期，员工多数是计算机应用专业毕业的硕士生、博士生。智能中心建立理论研究小组，发起了不定期的讨论班，聚焦计算机科学和人工智能前沿问题，各大高校对相关问题感兴趣的研究生纷纷集聚智能中心与员工共同参加讨论，极大地调动了青年人才的创造性。[①]在863计划的实施中，一大批青年人才在计划所搭建的平台上成长、成熟起来，为我国高技术发展奠定了雄厚的人才基础。863计划第一届专家委员会70名委员中，40岁及以下的委员仅有1位，1994年1200个课题的负责人平均年龄为52.5岁，大于50岁的占70.3%。"十一五"期间，863计划专家委员会中45岁以下的委员达到94人，占总人数的60%，课题负责人中年龄在45岁以下的超过50%。[②]

[①] 梅宏，钱跃良：《计算30年——国家863计划》，科学出版社2016年版，第39—40页。
[②] 科技部：《以人为本，造就高素质创新人才——国家高技术研究发展计划（863计划）25周年回顾之七》，2012年7月16日，中华人民共和国科学技术部网站；苏熹：《"863"计划制定与实施的历程及经验启示》，《观察与思考》，2023年第10期。

二、863计划对今后中国科技事业建设的启示

党的二十大报告指出，必须坚持科技是第一生产力、人才是第一资源、创新是第一动力，深入实施科教兴国战略、人才强国战略、创新驱动发展战略，开辟发展新领域新赛道，不断塑造发展新动能新优势。[①]应该说，党的二十大报告凸显了教育、科技、人才在现代化建设全局中的战略定位。面临以科技强国建设支撑中国式现代化强国建设的历史重任，我们必须加快实现高水平科技自立自强。863计划制定与实施的历史经验对于今后中国完善科技创新体系、加快实施创新驱动发展战略有如下启示。

1. 实施国家重大科技项目，加快解决"卡脖子"问题

国家重大科技项目对于国家科技发展、国家安全意义重大。组织实施国家重大科技项目是世界上很多国家的普遍做法。中国863计划正是通过实施国家重大科技项目，实现技术跨越式发展的成功范例。在863计划的实施中，

---

① 习近平：《高举中国特色社会主义伟大旗帜 为全面建设社会主义现代化国家而团结奋斗——在中国共产党第二十次全国代表大会上的报告（2022年10月16日）》，《人民日报》，2022年10月26日。

一些项目打破了西方国家的技术垄断，满足了经济社会发展的迫切需要，为我国产业发展、民生改善、重大工程建设提供有力支撑。例如，20世纪90年代初，高性能计算机研发被列入863项目。中国工程院院士、中国科学院计算技术研究所研究员李国杰带领团队，研制出我国第一台SMP（对称式多处理机）结构计算机——"曙光一号"计算机，达到90年代初同类计算机国际先进水平。"曙光一号"诞生的第三天，西方国家便宣布解除10亿次计算机对中国的禁运。[1] 由此可见，布局与实施国家重大科技项目可以作为切入点，助推加快解决"卡脖子"问题。当前，中国突破"卡脖子"关键核心技术已刻不容缓。我国应着眼于关乎国计民生的关键产业和关键产业供应链中的关键环节，布局与实施一批国家重大科技项目，把优势资源配置到国家有紧迫需求的领域，力争在关键核心技术方面早日取得新突破，实现科技自立自强。

2. 瞄准世界科技前沿，加强基础科学研究

习近平总书记强调，坚持面向世界科技前沿、面向经济主战场、面向国家重大需求、面向人民生命健康，不断

---

[1] 罗亮：《李国杰院士谈"曙光一号"研发收获》，2013年12月23日，科学网。

向科学技术广度和深度进军。①在"四个面向"中,"面向世界科技前沿"是根本和长远大计,起到基础和引领作用。在863计划的实施中,从老一辈科学家,到项目研究中成长起来的杰出中青年科学家,都是瞄准世界科技前沿,加紧推进科技研发,努力抢占科技创新制高点的典范。当前,随着新一轮科技革命和产业革命的浪潮席卷而来,以云计算、大数据、物联网、移动互联网、人工智能等为代表的新兴数字技术快速发展,日益融入经济社会发展各领域,成为改变全球竞争格局的关键力量。站在历史的关键节点上,我国必须着眼于世界科技前沿推动创新,不断强化顶层设计和系统布局,提升中国科技的国际影响力。基础研究是科技创新的源头,是基础性、前沿性、关键性的逻辑起点。必须把基础研究摆在非常重要的位置,面向世界科技前沿凝练科学问题,走前人没有走过的道路,勇于创新创造,推动前瞻性、引领性基础研究取得重大突破。

3. 健全新型举国体制,强化国家战略科技力量

习近平总书记强调,要坚持科技自立自强,健全社会主义市场经济条件下新型举国体制,打好关键核心技术攻坚战。②863计划制定与实施的历史对于如何正确处理举

---

① 习近平:《在科学家座谈会上的讲话》,人民出版社2020年版,第4页。
② 中共中央宣传部:《习近平新时代中国特色社会主义思想学习问答》,学习出版社、人民出版社2021年版,第256页。

国体制与市场机制的关系提供了宝贵的历史借鉴。其一，要完善党中央对科技工作统一领导的体制，充分发挥国家作为重大科技创新组织者的作用，建立权威的决策指挥体系，为核心技术突破提供坚强保障；其二，以国家战略需求为导向，聚焦关键核心技术瞄准事关国家产业、经济和国家安全的若干重点领域及重大任务，强化跨领域、跨学科协同攻关，形成关键核心技术攻关强大合力；其三，充分发挥市场在资源配置中的决定性作用，发挥我国超大规模的市场优势，利用科技政策、产业政策等手段对市场加以引导，推动有效市场和有为政府更好结合；其四，明确政府、企业、高校、科研院所、用户在创新体系中不同的功能定位，激发各类主体创新激情和活力，推动"政产学研用"协同创新；其五，鼓励支持民营经济和民营企业发展。优化民营企业发展环境，保护民营企业产权和企业家权益，落实支持民营企业发展的具体举措，促进民营经济发展壮大。

4. 加快推进高水平对外开放，提升科技自立自强能力

习近平总书记强调，科学技术是世界性的、时代性的，发展科学技术必须具有全球视野。不拒众流，方为江海。自主创新是开放环境下的创新，绝不能关起门来搞，而是要聚四海之气、借八方之力。①党的二十大报告强调，扩大国际科技交流合作，加强国际化科研环境建设，形成具有全球竞争力的开放创新生态。②由863计划实施的历史可知，关键核心技术的攻关必须走开放与自主并重的道路。首先，中国应坚定奉行互利共赢的开放战略，拓宽国际科技创新合作广度和深度，更好地融入全球科技创新网络，最大限度用好全球创新资源，在更高起点上推进自主创新。其次，中国要多措并举提高自主创新能力。不仅要重视集成创新，以及引进消化吸收再创新能力的提升，还要注重原始创新能力的提升，真正实现关键核心技术自主可控，把竞争和发展的主动权牢牢掌握在自己手中。最后，在学习、吸收、借鉴全球科技成果的同时，中国应深度参与全球科技治理，不断以中国发展为世界创造更多机遇，共同应对人类共同挑战，持续构建人类命运共同体。

5. 完善创新人才培养模式，深入实施人才强国战略

党的二十大报告强调，坚持尊重劳动、尊重知识、尊重人才、尊重创造，实施更加积极、更加开放、更加有效

---

① 习近平：《在中国科学院第十九次院士大会、中国工程院第十四次院士大会上的讲话》，人民出版社2018年版，第17页。

② 习近平：《高举中国特色社会主义伟大旗帜 为全面建设社会主义现代化国家而团结奋斗——在中国共产党第二十次全国代表大会上的报告（2022年10月16日）》，《人民日报》，2022年10月26日。

的人才政策。①863计划在人才队伍建设中积累的历史经验对于今后中国深入实施人才强国战略有如下启示：其一，我国应不断深化人才发展体制机制改革，赋予高校、科研机构更大自主权，给予科学家更大技术路线决定权、经费支配权、资源调度权。完善人才评价体系，形成有利于科技人才潜心研究和创新的评价体系。其二，重视战略科学家在开展咨询评议、服务国家决策，以及大兵团作战组织领导等方面的作用。在国家重大科技任务担纲领衔者中发现和培养更多具有战略科学家潜质的高层次复合型人才，形成战略科学家成长梯队。其三，造就规模宏大的青年科技人才队伍。把培育国家战略人才力量的政策重心放在青年科技人才上，给予青年人才更多的信任、更好的帮助、更有力的支持，支持青年人才挑大梁、当主角。其四，吸引和留住顶尖高校培养的科技人才。不仅要为他们提供优厚的物质待遇，更要为他们创造专业发展的空间、创新的条件和环境。以重大科技基础设施平台吸引和凝聚全球一流人才，让科技人才来得了、待得住、流得动、用得好。②

---

① 习近平：《高举中国特色社会主义伟大旗帜 为全面建设社会主义现代化国家而团结奋斗——在中国共产党第二十次全国代表大会上的报告（2022年10月16日）》，《人民日报》，2022年10月26日。

② 苏熹：《"863"计划制定与实施的历程及经验启示》，《观察与思考》，2023年第10期。

三、对 863 计划的反思

作为世界第二大经济体,高科技发展是中国从制造大国向基于核心知识产权的高价值经济体转型的关键,也是中国发展的未来方向。虽然一些863计划项目只是形成了科研论文,没有转化为实际生产力,但这种评价并不全面,忽略了我国科技发展的基础。我国是在基础科学和前沿科学领域积累不够、人才不够等情况下实施863计划,首先需要完成高技术研究与开发的总体布局,建立起一批高技术研究和高技术产品开发基地,突破并掌握一批国际领先的关键技术,由跟踪模仿走向自主创新,拉近中国与发达国家之间的科技差距。而且,1991年邓小平为863计划题词"发展高科技,实现产业化",已经指明了我国高技术的发展目标内含着产业化方向。事实上,863计划中的一些项目,如"曙光"系列计算机、中国高铁、水下机器人等,打破了西方国家的技术垄断,满足了经济社会发展的迫切需要,为我国产业发展、民生改善、重大工程建设提供了有力支撑。863计划采取自上而下的运作模式,有观点认为这样的研发体系导致该计划并不能提升长远技术竞争力。这个观点是值得商榷的。我们看到,通过持续稳定的投入,863计划有效带动了我国高技术研究领域由点到面、由跟随到创新发展的转变，培养了一大批高素质人才，推动形成了产学研结合的创新体系，带动了我国高技术产业的发展，产生的间接经济和社会效益更是无法估量，而这些都是提升长远技术竞争力的基础。美国也有科技发展战略，而不完全是由资本推动的，刺激中国高技术发展的"星球大战"计划正是由国家推动的。中国没有也不可能让一个863计划解决中国科技发展的所有问题。

新中国成立以来，在中国共产党的领导下，一代又一代科技工作者艰苦奋斗，不懈努力，中国科技实力伴随经济发展同步壮大，取得了巨大成就。新中国成立后，现代科学技术几乎一片空白。在党和政府强有力的领导下，中国科技事业走上了正常的轨道。1956年，党中央发出"向科学进军"的号召，在"重点发展，迎头赶上"方针的指引下，国家初步建立了由政府主导和布局的科技体系，研发出一批以"两弹一星"为标志的重大科技成果，为中国科技事业发展奠定了坚实的基础。改革开放后，邓小平强调"四个现代化关键是科学技术的现代化"，形成"科学技术是第一生产力"的重要论断，为中国科技工作发展指明了方向。此后，中国相继制定与实施863计划、火炬计划、星火计划等。各项计划顺利实施，成为这一阶段中国科技发展的重要标签，也为科技事业的不断进步提供了重要保障。在863计划的实施中，中国高技术领域奋起发展，获得了一批具有国际水平的高技术成果，突破了一批重大关键技术，让我国在一些现代高科技领域获得了较大的话语权，培养了一批产学研结合的人才，推动中国科技发展由跟踪并跑向并跑领跑转变。在高科技产业领域，中国占全世界高科技产品的出口份额从2000年的6.5%一路攀升到2013年的36.5%。

党的十八大以来，在以习近平同志为核心的党中央坚强领导下，中国科技事业发生了历史性、整体性、格局性重大变化，成功进入创新型国家行列。从党的十八大明确提出"实施创新驱动发展战略"，到党的十九大指出"创新是引领发展的第一动力"，再到党的二十大强调"坚持创新在我国现代化建设全局中的核心地位"，我国把创新的重要性提升到前所未有的高度。如今，中国研发经费投入规模稳居世界第二，2021年全社会研发经费投入总量达2.79万亿元，比2012年增长176%；研发经费投入占国内生产总值比重由2012年的1.91%提升到2021年的2.44%；科技进步贡献率超过60%，比2012年提高8个百分点；全球创新指数排名从2012年的第三十四位跃升至2021年的第十二位。科技自立自强成果持续涌现，围绕深空、深海科技制高点，中国研制的悟空、墨子等科学卫星，使我国在空间科学国际竞争中占据有利地位；围绕基础研究，铁基高温超导、纳米限域催化领域取得重大原创成果，中国天眼FAST中性氢谱线测量星际磁场取得重大进展，引领我国在科学发展前沿方向进入世界第一方阵；聚焦创新，"曙光"超级计算机的问世有力带动了相关新兴产业发展。神舟飞船与天宫空间实验室在太空交会翱翔，"嫦娥五号"首次实现我国地外天体采样返回，北斗导航实现全球组网，国产大型客机C919顺利试飞，"天问一号"探测器成功着陆火星，"羲和号"探日卫星成功发射，自主第三代核电机组"华龙一号"投入商业运行，赶超国际先进水平的第四代隐形战斗机和大型水面潜艇相继服役……中国在关键核心技术方面不断突破，证明中国科技实力正在进一步飞跃。[①]

创新是高技术发展的灵魂。当今世界，随着社交媒体、云计算、大数据等连接物理世界、数字资源和人的数字技术飞速发展，催生着大量新产业、新模式，更加凸显了加快提高科技创新能力的紧迫性。党的二十大报告指出，必须坚持科技是第一生产力、人才是第一资源、创新是第一动力，深入实施科教兴国战略、人才强国战略、创新驱动发展战略，开辟发展新领域新赛道，不断塑造发

[①] 崔兴毅：《汇聚高水平科技自立自强磅礴力量》，《光明日报》，2022年9月5日；何立峰：《党的十八大以来发展改革领域取得的历史性成就发生的历史性变革》，《学习时报》，2022年4月13日。

展新动能新优势。①探索中国特色的科技创新道路,我们要坚持党对科技工作的全面领导,在习近平新时代中国特色社会主义思想和习近平总书记关于科技创新重要论述的指引下,部署各项重大任务,完善科技发展格局;要坚持科技创新与体制机制创新"双轮驱动",深化科技体制机制改革,引导科研机构从国家战略需求出发,开展基础研究和高技术创新;要坚持以全球视野谋划和推动创新,加强政府间科技合作,鼓励各国科学家共同开展研究,同时提升自主创新能力,对关键核心技术研发作出国家层面的战略安排;要将创新人才的延揽和培养作为重中之重,在科学技术工作中吸引、培养、凝聚人才,加强青年人才培养,构建具有全球吸引力和竞争力的人才制度环境。只有做到这些,中国创新才能在探索与实践的路上迈出有力的步伐,加快建设创新型国家和世界科技强国,实现高水平科技自立自强。

---

① 习近平:《高举中国特色社会主义伟大旗帜 为全面建设社会主义现代化国家而团结奋斗——在中国共产党第二十次全国代表大会上的报告(2022年10月16日)》,《人民日报》,2022年10月26日。